밤하늘의 별 이야기

밤하늘의 별 이야기

2021년 3월 25일 초판 1쇄 펴냄

지은이 김평호
편집 박은경
펴낸이 신길순

펴낸곳 도서출판 **삼인**

등록 1996년 9월 16일 제25100-2012-000046호
주소 03716 서울시 서대문구 성산로 312 북산빌딩 1층

전화 (02) 322-1845
팩스 (02) 322-1846
전자우편 saminbooks@naver.com

디자인 디자인 지폴리
인쇄 수이북스
제책 은정제책

ISBN 978-89-6436-192-4 03440

값 15,000원

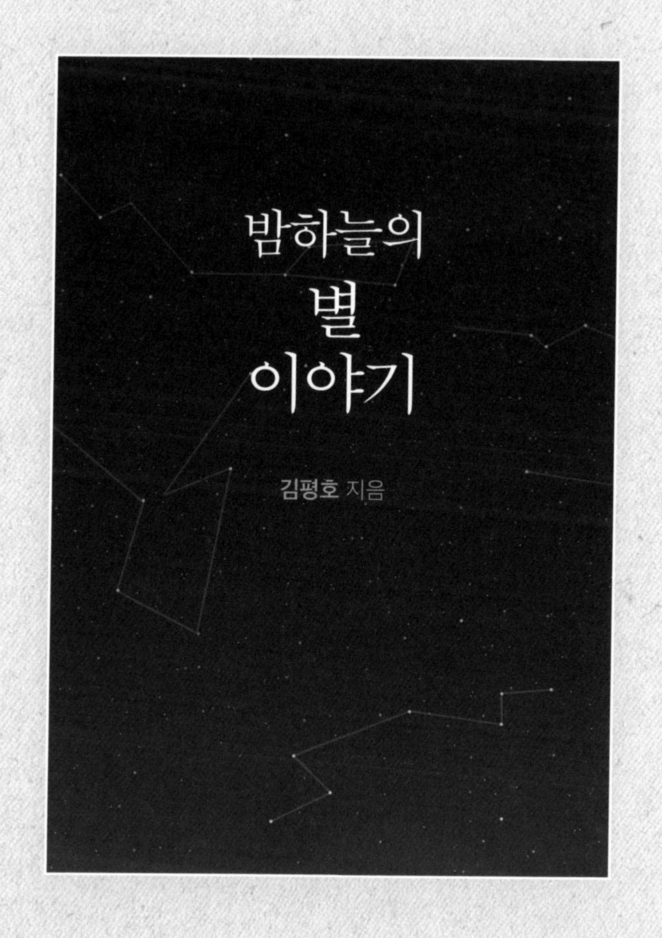

삼인

별은 나의 심장에서 퍼덕거리며 빛나고,

캔버스에선 별빛이 부서지는 소리가 들린다.

빈센트 반 고흐

프롤로그

밤하늘과 별의 문턱에서

밤하늘과 별. 어린 시절 잠시 관심을 둘 뿐, 철들면서 우리가 잊어버리는 별. 스마트폰이 몸의 일부처럼 된 디지털 시대, 우리는 고개 숙여 폰을 바라보지, 고개 들어 하늘을 바라보지 않는다.

더군다나 거리를 밝히는 온갖 종류의 조명들이 하늘을 가리는 탓에 별을 보고 싶어도 볼 수가 없다. 이른바 광해(Light pollution), 빛이 하늘을 향한 시야를 가려버리는 것이다. 천문학은 빛의 과학인데, 아이러니하게도 이런 빛이 천문학의 방해꾼인 셈이다. 게다가 정글처럼 선 빌딩들이 밤하늘을 손바닥 넓이만큼 좁혀버리기 일쑤다. 별은 이렇게 우리의 기억과 생활 저편으로 밀려나 있다.

도시에 오래 살았던 나 역시 그런 환경에 있었다. 그러던 것이 서울을 떠나 15년 가까이 야트막한 산골에 살면서 거의 매일 밤하늘과 별들을 바라보게 되었다. 공들여 별을 보기 시작한 지 7년쯤 됐다.

별을 보고 별에 얽힌 이야기와 별을 해독하는 역사와 신화와 천문학을 공부하면서 또 다른 세상을 느꼈다.

별과 별 사이 거리와 걸리는 시간, 우리에게 잘 와 닿지 않는 그 거대함 자체가 우선 우리를 압도하며, 초월적 경지로 이끈다. 2세기 전반에 이집트 알렉산드리아에서 활동하며 고대 서양 천문학을 집대성한 프톨레마이오스Klaudios Ptolemaios는 자신의 저서 『알마게스트Almagest』*에서 그 경지를 이렇게 말한 바 있다. '지상의 삶은 짧다. 그러나 하늘을 운행하는 저 수많은 별을 볼 때마다 나는 인간을 유한한 존재라고만 생각지는 않는다. 별을 바라보는 그때 우리는 지상을 벗어나 다른 세계로 들어가게 된다.'

아는 만큼 볼 수 있다. 별도 마찬가지다. 별을 안다는 것은 별에 대한 과학적 지식, 별에 새겨진 신화, 그리고 세계사에 대한 이해까지 포함하는 것이다. 과학적 지식은 두 갈래로 나뉘는데, 그 한 줄기인 지리학은 별을 찾고 하늘과 땅의 지도를 읽을 줄 아는 것, 또 다른 줄기인 천문학은 우주의 시작과 구조, 별의 일생, 천체물리학 분야의 지식을 말한다. 별과 신화에 대한 이해는 별에 얽히고 새겨진 전래 이야기를 알고 하늘을 보면서 상상의 나래를 펴는 것이다. 세계사는

* 직역하면 '최대의 책'이라는 뜻. 현존하는 가장 오래된 천문학 책의 하나인 프톨레마이오스의 『마테마티케 신탁시스Mathematike Syntaxis』는 9세기경 아랍어로 번역되어 '알마게스트'라는 제목이 붙여졌고, 세월이 흘러 유럽에 역수입되어 원제보다 번역된 이름으로 더 널리 알려졌다.

천문학이 만들어낸 근대 세계사에 대한 이해를 지칭한다.

이렇게 밤하늘과 별을 이해하고 바라보면 무엇보다 먼저 나의 작음, 지구의 작음, 우주의 광대무변함을 실감하게 된다. 도저히 가늠할 수 없는 그 시간과 거리의 깊이에서, 말로 표현하기 어려운 감정과 사유의 세계로 들어서게 된다. 프랑스 철학자 파스칼Blaise Pascal은 이렇게 우리의 가슴을 두드린다. '무한한 우주 공간의 저 영원한 침묵은 나를 두렵게 한다.' 광대무변한 우주에 단 하나라는 인간 존재의 외로움, 그리고 그 때문에 가질 수밖에 없는 초월적 존재에 대한 동경.

별은 인류 역사의 이정표라 할 수 있다. 먼 옛날부터 오늘에 이르기까지 별을 바라보는 눈은 새로운 지식을 쌓았고, 새로운 지식은 새로운 발견을 낳고, 새로운 발견은 더 큰 지식으로 이어져, 그 긴 여정을 거쳐 우주 삼라만상이 어디서 시작되었는지 우리는 조금 이해하게 되었다. 우리는 왜 여행을 하는가? 왜 산에 오르며, 왜 순례의 길로 나서는가? 멀고 먼 곳을 향한 투척과 도전이 여행이고 등산이며 순례라면, 밤하늘과 별을 보는 일은 그 어느 것보다 멀고도 높은 곳을 향해 뚜벅뚜벅 걸어가는 담대한 행위이다.

나의 전공 분야는 미디어와 연관된 각종 과학과 기술의 역사적 발전과정이다. 그 공부가 과학과 기술 전반으로 이어지고, 급기야 천체물리학, 신화학으로까지 넓어지게 되었다. 이 책은 그동안 아마추어로 내가 공부하고 살펴본 내용을 내 방식대로 정리한 것이다. 천문학을 다룬 책과 신화를 다룬 책은 많지만, 별과 신화와 역사와 과학 같은 여러 차원의 이야기를 한데 엮어, 독자들이 쉽고 흥미롭게 생각해보도록 입체적으로 정리한 책이 거의 없다는 아쉬움으로, 『밤하늘의 별 이야기』를 펴내게 되었다.

이 책의 특징은 첫째, 계절에 따른 별자리 전체를 소개하지 않고, 글에서 다루는 맥락에 해당되는 별자리만을 설명했다. 둘째, 주로 우리 눈으로 가장 쉽게 찾아볼 수 있는 일등성 위주로 이야기를 풀었다. 셋째, 별의 과학을 지리학과 물리학으로 나누어 기초적인 것에서부터 전문적인 것에 이르기까지 다양한 질문을 다루었다. 넷째, 별에 대한 신화 중에서 사랑과 영웅 신화에 초점을 맞추어 풀어보았다.

이 책의 내용은 '별의 지리학', '별의 물리학', '별의 신화학'이라는 세 가지 큰 이야기, 그리고 '별의 세계사', '별의 메시지', '별이 들려주는 세 가지 사랑 이야기'라는 세 가지 작은 이야기, 총 여섯 가지 이야기로 이뤄져 있다.

별의 지리학이란 말 그대로 하늘의 지도, 즉 별들의 위치나 자리를 뜻한다. 이 대목에선 그 별자리에 얽힌 신화와 지명의 유래 등도 풀어썼다. 이에 이어지는 작은 이야기는 하늘과 별에 대한 지식의 축적 과정과 그것이 가져온 세계사적 전환, 곧 천문학과 근대 서구 제국주의의 관계를 정리했다. 그다음으로 별의 물리학은 별의 과학적 정체성, 즉 천문학 또는 천체물리학을 풀이한 부분이다. 우주의 기원, 구조, 블랙홀Black hole, 별의 일생 등을 비전공자도 이해할 수 있도록 최대한 쉽게 담아보았다. 그것의 작은 이야기는 별을 우주의 메신저로 이해한 고대인들이 세운 메시지 해석체계의 기본 틀을 다루었다. 별의 신화학은 별을 주제로 한 그리스 신화를 바탕으로, 별과 인간이 맺은 다채로운 관계를 풀어보는 부분이다. 특히 풍성한 내용을 담고 있는 영웅과 사랑의 신화에 집중하여 그 사회적 의미도 함께 짚어보는 것이 마지막 작은 이야기이다.

별을 바라보는 것은 아름다운 일이다. 이미 오래전, 동주 형님이 밤하늘과 별을 이런 절창으로 풀어냈다.

> 별 하나에 추억과
> 별 하나에 사랑과
> 별 하나에 쓸쓸함과
> 별 하나에 동경과
> 별 하나에 시와
> 별 하나에 어머니, 어머니.

윤동주, 「별 헤는 밤」 중에서

이 책이 밤하늘과 별에 대한 재미있는 이야기, 과학과 역사와 문학이 한데 어우러져 흥미와 깊이를 더한 은하수 여행기로 읽히길 희망한다. 그리고 독자들을 각각의 분야에서 더 깊고 전문적인 방향으로 안내하는 나침반이 된다면 책을 쓴 사람으로는 더할 나위 없는 광영이겠다.

2021년 봄

김평호

목차

별의 물리학

별의 메시지

별의 신화학

별이 들려주는 세 가지 사랑 이야기

별의 지리학

밤하늘이라는 무대에서 다이아몬드가 흩뿌려진 듯한
별들의 수려한 공연이 펼쳐진다. […]
웅장하고 경이로운 우주와의 조우다. 이 시간을 놓치면
별빛은 삽시간에 약해진다. 마치 놓쳐버린 인연이
그대로 멀어져가듯.

별을 찾기 전에

별의 지리학은 하늘의 지도이면서, 땅의 지리학도 포함한다. 별을 아는 것은 한편으로 우리가 사는 지구를 아는 것이기도 하다. 지상에서 어떻게 동서남북을 찾을 것인가는 아주 간단한 과제처럼 보이지만 실은 하늘의 별을 알아야 한다. 하늘을 정확히 알수록 방향이 더 정확해진다. 하늘과 땅, 그리고 별이 떼려야 뗄 수 없이 단단하게 묶인 하나의 거대한 연결체이기 때문이다. 오늘날 편리하게 사용하는 자동차 내비게이션은 이러한 관측과 지식이 축적된 최근의 기술적 결과물이다. 가까운 곳이든, 먼 곳이든, 또 더 먼 곳이든, 산을 넘고, 강을 건너, 바다를 가로질러, 지상의 어딘가를 찾아가는 것, 그것은 곧 하늘의 별을 읽고 측정하는 것과 근본에서 다르지 않다.

면 하늘 은하수로 떠나는 출발점에서 준비할 것들이 있다. 첫째로 관측장비. 많은 이들이 별을 잘 보기 위해 망원경을 구입한다. 그러나 달 정도를 제외하고, 어떤 품질의 망원경이든 밤하늘과 별을 보는 것에 큰 차이는 없다. 별은 그저 반짝이는 빛의 점으로 보인다. 모두 너무 멀리 있는 탓이다. 중간 품질의 쌍안경 하나로 밤하늘을 충분히 만끽할 수 있다. 그것만으로도 볼 수 있는 별들은 너무나 많다. 이것을 자각하는 것이 별바라기의 첫 번째 큰 공부이다. 망원경으로도 하나의 별자리 전체 모습을 보기는 쉽지 않다. 시야각이 근본적으로 좁기에 별자리를 구성하는 별 하나하나가 따로따로 보이는 것이다. 방향을 제대로 확인하지 않으면 망원경으로 보이는 저 별이 내가 찾는 그 별인지 혼란스럽다. 때문에 육안으로 우선 별자리 전체를 살피고서 망원경으로 각각의 별을 보고, 그다음에 눈에서 망원경을 떼고 다시 육안으로 별자리 전체를 바라보는 것, 그것이 제대로 별을 보는 방법이다. 이런 점에선 육안이 더 좋은 망원경이라고도 할 수 있다.

둘째, 별을 제대로 알기 위한 참고서. 별자리 같은 검색어로 찾으면 좋은 안내서를 적잖이 발견할 수 있다. 스마트폰의 별자리 앱도 편리하다. 스마트폰의 방향을 돌려가며 별자리에 맞춰보고 확인하는 것이 쉽지는 않지만 하늘과 실제 지도를 동시에 둘러보는 것은 흥미로운 경험이다. 다만 문제는 밝은 스마트폰 화면을 보다가 어두운 하늘을 보고 또 망원경을 볼 때, 서로 다른 밝기에 눈이 적응하느라 약간 고생한다는 점이다. 그러나 이건 어디까지나 지도이고 기본적인

밤하늘 은하수

정보일 뿐, 천문학이나 천체물리학 책은 반드시 섭렵해야 한다. 별자리와 천문학을 주 내용으로 담은 웹사이트도 적지 않다.

세 번째, 몸을 써야 한다는 점을 염두에 두어야 한다. 별을 보기 위해서는 도시를 떠나 길로 나서야 한다. 직접 발을 딛고 고개 들어 하늘을 보는 사람들에게만 별은 그 모습을 보여준다. 특히 날이 추워지는 늦가을부터 겨울, 그리고 이른 봄까지는 별 보기에 아주 좋은 계절이지만, 추위 때문에 괴로운 계절이기도 하다. 몸은 떨리고, 망원경 장비는 차갑고, 손발도 시릴 뿐만 아니라 추운 곳에서는 졸음이 더 빨리 온다. 이 때문에 천문대야말로 별을 접하는 최적의 장소가 아닐 수 없다. 그러나 천문대를 방문하기 어렵더라도, 어떤 명목의 여행이든 나들이든 그곳에서 밤하늘을 마주하면 별은 우리에게 다가온다.

별은 무수히 많다. 그것들을 다 얘기할 수는 없다. 이 책에서 이야기하려는 별은 망원경이 아니라 맨눈으로 볼 수 있는 별이다. 그중에서도 특별한 경우가 아니라면, 누구나 쉽게 찾을 수 있는 일등성만을 대상으로 삼았다. 일등성이란 우리 눈으로 볼 수 있는 별 중 가장 밝은 것을 말한다.

별은 사람의 육안에 보이는 밝기를 기준으로 1등급에서 6등급까지 구분하는데—6등급 이하는 너무 어두워 눈으로는 식별 불가능—가장 맑은 날씨의 최적의 관찰조건을 전제로, 우리의 눈으로 볼 수 있는 별은 모두 6천 개 정도이다. 이들 중, 한 지점에서 볼 수 있는 별은 대략 1,500~2,000개이다.

각 등급에 따른 별 밝기의 차이는 약 2.5배 정도로 1등급과 6등급의 차이는 2.5의 5승, 즉 100배 정도 차이가 나타나게 된다. 이렇게 밝기에 따라 별을 등급으로 나눈 사람은 기원전 2세기의 고대 그리스 천문학자 히파르코스Hipparchus가 처음이다. 제대로 된 관측장비도 없었을 그 시절, 육안으로 별의 밝기를 구분해 등급을 정한 것은 놀라운 시도이다. 그의 별 등급표는 19세기에 이르러 망원경으로 정확히 비교하고 가늠할 수 있을 때까지 거의 2천여 년 동안 별 밝기의 기본 척도로 사용되었다.

별의 밝기와 관련하여 미리 알아둘 것은 밝기의 기준이 두 종류라는 것이다. 하나는 겉보기 밝기(apparent magnitude), 즉 지구에서 잰 별의 밝기, 다른 하나는 절대 밝기(absolute magnitude), 즉 일정한 표준거리를 기준으로 잰 별의 밝기. 일등성이나 이등성 같은 구분은 우리 눈에 보이는 밝기, 즉 겉보기 밝기에 따른 것으로, 항성과 행성을 불문하고 겉보기 밝기로만 보면 태양이야말로 그 어느 천체보다 밝다. 우리 눈으로는 제대로 쳐다볼 수도 없다. 태양 다음은 달, 그리고 세 번째가 금성이다.

한편, 절대 밝기에서 밝기를 구분하는 기준거리는 10파섹이다. 파섹(parsec, 약자는 pc)이란 천문학에서 사용하는 거리 단위로, 지구에서 6개월의 시차를 두고 한 천체를 관측했을 때 그 차이, 즉 연주시차—1년 사이에 벌어져 보이는 차이—가 1초, 즉 1도를 3천6백 등분한 각도를 이루는 지점까지의 거리를 의미한다. 이를 우리에게 좀 더 익숙한 단위로 환산하면 대략 3.3광년 정도이다. 다시 말해 3.3광년 떨어진 거리에서 측정한 별빛의 밝기가 절대 밝기다.* 겉보기 밝기로 따지면 태양이 최고의 별이지만 실제 밝기, 즉 절대 밝기로 따지면 하늘 곳곳엔 태양보다 밝은 별들로 가득하다. 가장 밝은 일등성인 큰개자리의 시리우스는 태양보다 30배 정도 더 밝다. 북극성(Polaris)은 태양보다 무려 2,500배 정도나 밝다. 말하자면 북극성은 시리우스와도 비교할 수 없을 정도로 엄청나게 밝은 별이다. 그런데 겉보기 밝기로 하면 북극성이 이등성이고 시리우스가 일등성이다. 북극성이 시리우스보다 지구에서 40배 이상 멀리 떨어져 있기 때문이다.

일등성과 북쪽 하늘의 별들

일등성은 사람의 눈으로 볼 수 있는 6천여 개의 별 가운데 단 스물한 개다. 이 별들을 각자 속한 별자리 이름과 함께 정리하면 오른쪽 목록과 같다.

이 중에서 북반구에서 볼 수 없는 일등성은 카노푸스, 리길, 아케르나르, 하다르, 아크룩스, 미모사로, 일본의 오키나와 같은 남쪽으로

---

* 지구에서 별까지의 거리는 워낙 멀기 때문에 지상의 길이 단위를 쓸 수 없다. 따라서 여러 기준 단위를 만들어 사용하는데, 지구와 태양 사이의 거리를 기준으로 한 '천문단위(astronomical unit, AU)', 빛의 속도인 '광년(light year, LY)', 또 여기서 언급한 '파섹' 등이 있다. 천문학에서 거리가 중요한 이유는 이를 기초로 태양계의 모형, 은하수의 모형, 나아가 우주 전체의 모형을 정확히 그려낼 수 있기 때문이다.

시리우스Sirius — 큰개자리Canis Major

카노푸스Canopus — 용골자리Carina

리길Rigil(알파 센타우리α Centauri) — 켄타우루스자리Centauros

아크투루스Arcturus — 목자자리Bootes

베가Vega — 거문고자리Lyra

카펠라Capella — 마차부자리Auriga

리겔Rigel — 오리온자리Orion

프로시온Procyon — 작은개자리Canis Minor

아케르나르Achernar — 에리다누스자리Eridanus

베텔기우스Betelgeuse — 오리온자리

하다르Hadar(베타 센타우리β Centauri) — 켄타우루스자리

알테어Altair — 독수리자리Aquila

아크룩스Acrux — 남십자성자리Crux

알데바란Aldebaran — 황소자리Taurus

안타레스Antares — 전갈자리Scorpio

스피카Spica — 처녀자리Virgo

폴룩스Pollux — 쌍둥이자리Gemini

포말하우트Fomalhaut — 남쪽물고기자리Piscis Austrinus

데네브Deneb — 백조자리Cygnus

미모사Mimosa — 남십자성자리

레굴루스Regulus — 사자자리Leo

훨씬 더 내려가거나 아예 남반구에 가야 관측 가능한 별들이다. 목록에서 비교적 낯선 이름의 이 별자리들을 제외하면 우리나라에서 볼 수 있는 일등성은 스물한 개에서 열다섯 개로 줄어든다.

국제천문연맹이 공인한 별자리는 모두 여든여덟 개인데, 이 중 목록에 나온 열여덟 개의 별자리만 일등성을 갖는다. 목록에서 보다시피 두 개의 일등성을 갖는 세 개의 별자리 중 북반구에서 볼 수 있는 별자리는 오리온자리로, 리겔과 베텔기우스라는 두 개의 일등성을 가지고 있다. 북두칠성이나 카시오페이아Cassiopeia, 페가수스Pegasus 등 우리에게 익히 알려진 별자리에는 일등성이 없다.

별자리라는 용어는 정확히 무엇을 가리키는 것일까? 별자리를 지칭하는 영어 단어는 둘이다. 아스테리즘Asterism, 그리고 컨스털레이션Constellation. 아스테리즘은 '봄의 삼각형', '여름의 삼각형', '겨울의 육각형'처럼 여러 다른 자리의 별들이 연결되어 한 모양을 이루는 모습을 지칭한다. 컨스털레이션은 목록에 소개된 목자자리, 오리온자리, 사자자리처럼 하나의 별 무리를 구성하는 별들의 집단을 말한다. 이런 구분에서 예외가 되는 것은 북두칠성이다. 북두칠성은 큰곰자리(Ursa Major, Great Bear)의 별들 중 일부가 만드는 모양으로 큰곰자리는 컨스털레이션이지만, 북두칠성은 아스테리즘이다. 즉 일반적으로 컨스털레이션은 아스테리즘의 일부이지만, 북두칠성은 큰곰자리의 일부임에도 아스테리즘이다.

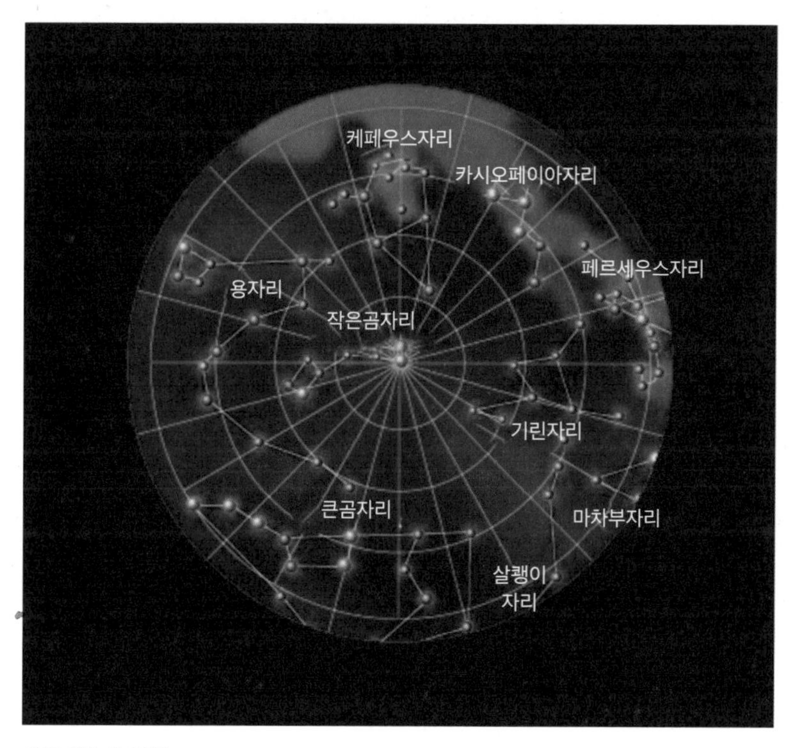

북쪽 하늘의 별들

별의 지리학이 더 쉽게 와 닿도록 실제 밤하늘과 별들을 신화와 함께 들여다보기로 한다. 북두칠성과 북극성을 보자. 큰곰자리와 작은곰자리(Ursa Minor, Little Bear). 여기엔 여러 신화가 얽혀 있다. 그중 가장 널리 알려진 이야기의 주인공은 아르카디아의 공주 칼리스토이다.*

---

* 아르테미스 여신을 섬기는 숲의 님프라는 이야기도 있다.

주극성

아르카디아는 그리스 남쪽에 접한 펠로폰네소스 반도 중앙에서 동쪽에 이르는 지역으로 오늘날까지도 같은 이름을 가지고 있다. 아름다운 숲과 전원 풍경으로 널리 알려져 목가적 유토피아를 비유하는 용어로 굳어진 아르카디아는 원래 숲과 들, 그리고 목축의 신인 판—흔히 목신으로 번역된다—과 정령들의 땅이다.

그곳에서 소풍을 즐기던 어여쁜('칼리스토Callisto'가 '예쁜'이라는 뜻) 공주를 천하의 바람둥이 제우스Zeus는 그냥 지나치지 못했다. 결국 둘 사이에 아들 아르카스가 생겼다. 아르카스가 건장한 청년으로 성장하는 사이, 질투에 사로잡힌 제우스의 부인 헤라Hera는 어머니 칼리스토를 곰으로 만들어버렸다. 하필 그즈음 숲으로 사냥에 나선 아들 아르카스는 이 곰을 향해 화살을 날리려 했다. 긴박한 상황. 급히 제우스가 나서 아들도 곰으로 만들어, 둘 다 하늘의 별로 올려주었다. 이렇게 어머니 칼리스토는 큰곰자리가 되었고, 아들 아르카스는 작은곰자리가 되었다.

이들뿐 아니라 북쪽 하늘에는 많은 별이 모여 있다. 27쪽 그림처럼* 정 가운데의 북극성을 중심으로 북두칠성은 물론이고 카시오페이아, 그리고 이들보다 유명세에선 뒤지지만 페르세우스자리Perseus, 용자리(Draco), 케페우스자리Cepheus, 마차부자리 등이 있다.

이들을 대상으로 북쪽 하늘에 초점을 두고 긴 시간 카메라 렌즈를 노출하면 별들은 왼쪽 사진처럼 북극성을 중심으로 반시계방향으로 회전하는 모양으로 기록된다. 회전하듯 일주하는 별들, 지평선 아래로 내려가지 않고 밤새 내내 보이는 항성, 이것을 주극성(周極星, Circumpolar stars)이라고 한다. 이는 별이 그렇게 움직여서가 아니라 지구가 그 방향으로 자전하는 탓이다. 그 때문에 다른 별들과 달리 이들은 일 년 내내 볼 수 있다.

다만 이들이 밤하늘에 나타나기 시작하는 위치, 그래서 우리가 볼 수 있는 위치는 계절에 따라 달라진다. 예를 들면 북두칠성은 봄에

* geocities.com. 이 사이트는 그림의 출처로 검색되지만 폐업상태라 저작권 파악 불가.

는 북동쪽 하늘에서부터 보이기 시작한다. 그러나 여름이면 북서쪽, 가을이면 그 아래, 겨울이면 북동쪽 아래 하늘에서 보인다. 북두칠성만큼이나 유명한 카시오페이아는 북두칠성의 거의 정반대 위치에서 찾을 수 있다. 별들이 계절별로 나타나는 모습을 일 년의 움직임이라는 뜻에서 연주운동이라 부르는데, 정확히는 지구의 공전으로 천체가 일 년을 주기로 지구 둘레를 한 바퀴 도는 것처럼 보이는 현상을 말한다. 또한 이 별들은 밤새워 반시계방향으로 움직인다. 이를 하루의 움직임이라는 뜻에서 일주운동이라 부르는데, 지구의 자전으로 천체가 지구의 자전 방향과 반대 방향으로 도는 것처럼 보이는 운동을 말한다.

질문은 이것이다. 이들은 왜 늘 북쪽에서 맴도는 것일까? 과학은 이렇게 설명한다. 그들이 그 위치에 그 모습으로 회전하듯 보이는 이유는 남극과 북극을 세로 방향으로 연결하는 종축을 중심으로 지구가 자전하기 때문이다. 물론 관측하는 사람의 위도에 따라 맴돌이 별들은 달라진다. 즉 위도가 높을수록 맴돌이 별은 더 많아지고, 위도가 낮을수록 별들은 동쪽에서 서쪽으로 큰 원을 그리며 뜨고 지는 모습으로 보인다. 그러나 근대 천문학이 그렇게 답변하기 전, 옛사람들은 그렇게 말하지 않았고 그렇게 말할 수도 없었다.

호메로스Homeros가 읊었듯, 티탄 오케아노스Oceanos의 거대한 바다로 둘러싸인 평평한 지구가 세계의 전부이고 그 지구를 태양, 달, 별이 있는 반구형의 하늘이 둘러싸고 있으며, 바닷물은 세상의 끝 절

벽으로 폭포처럼 떨어져 내리고, 낮엔 태양의 신 헬리오스Helios가 동에서 서로 불의 전차를 몰며 하늘을 가로지르고, 밤에는 그의 동생인 여신 셀레네Selene가 은빛 마차에 달을 싣고 밤하늘을 날아다닌다고 믿었던 시절, 그 시간 다른 별들은 보이지 않는 다른 곳으로 가서 편히 쉰다고 믿었던 시절, 무슨 벌을 받은 것이 아니고서야 어찌 저 별들이 사시사철 매일 밤 그 자리의 하늘을 맴돈단 말인가.

신화는 한 가지 실마리를 우리에게 던져준다. 질투에 사로잡힌 제우스의 부인 헤라는 칼리스토와 아들 아르카스를 제대로 처리하지 못한 복수심에, 기어이 이 곰들이 북쪽 하늘에서만 맴돌 뿐, 절대 지평선 아래 바다에 들어가 물도 마시지 못하고 수영도 할 수 없게 만들었다. 바다를 마당 삼아 살아가는 북극곰의 생태를 생각하면 이것이 얼마나 고통스러운 형벌일지 충분히 짐작할 수 있다. 우리에게 전해지는 신화 속 별 이야기는 이처럼 상상력의 산물이다. 이런 이야기를 기억하면서 북쪽 하늘 그 높은 곳을 바라보면 별들이 우리 몸으로 훨씬 더 가까이 다가오는 느낌이다.

계절과 별자리

북쪽 하늘의 별과 달리, 우리가 볼 수 있는 별자리는 계절마다 다르다. 일등성을 기준으로 정리하면, 봄의 별자리는 목자자리, 처녀자리, 사자자리, 여름의 별자리는 거문고자리, 독수리자리, 전갈자리, 백조자리, 가을의 별자리는 남쪽물고기자리이고, 겨울엔 큰개자리, 마차부자리, 오리온자리, 작은개자리, 황소자리, 쌍둥이자리를 한꺼번에 볼 수 있다.

밝게 빛나는 별의 많고 적음에 따라 사람들은, 봄과 여름의 밤하늘이 은은하고, 가을이 비교적 쓸쓸하다면, 겨울의 밤하늘은 밝고 화려하다고 말한다. 유의할 것은 봄의 별자리라고 해서 봄에만 보이는 것이 아니라 늦겨울부터 여름까지 계속 보인다는 점이다. 예를 들어, 봄을 대표하는 목자자리 별은 9월 초까지도 하늘에서 밝게 빛난다. 여름의 별자리 역시 늦은 가을까지 볼 수 있다. 다른 계절의 별 역시 마찬가지다. 다만 각각 해당되는 계절에 더욱 밝고 분명하게 확인할 수 있을 뿐이다.

앞서도 얘기했듯 계절마다 볼 수 있는 별자리들이 서로 다른 것은 지구가 태양을 타원형의 궤도로 길게 공전하기 때문이다. 말하자면 지구는 계절별로 궤도에서 서로 다른 위치에 놓이게 된다. 각 계절마다 서로 다른 우주 공간을 지나가는 셈이다. 당연히 볼 수 있는 별자리들이 달라진다.

실상 별의 숫자로 보면 여름철이 겨울철을 압도한다. 때문에 여름의 은하수는 겨울의 은하수보다 훨씬 가득 찬 듯 보인다. 이유는 여름의 지구가 위치한 곳이 태양을 기준으로 은하수의 안쪽이기 때문이다. 무수한 별들이 자리한 은하수 안쪽에서 지구가 움직이고 있으니, 은하의 중심 쪽을 바라보는 셈이고 더 많은 별을 볼 수 있는 것이다. 이론적으로는 그렇다. 여름은 은하수의 계절이지만 실제로는 구름 때문에 많은 경우 하늘이 가려진다. 대체로 우중충한 장마철 여름 하늘을 생각하면 이해할 수 있다. 구름은 어떻게 생기는가? 구름은 수증기의 집합이다. 더운 여름, 대지가 따뜻해지면 공기가 데워져 차가운 위쪽으로 올라가고, 더 높이 올라갈수록 공기는 더 차가워진다. 이때 수증기가 작은 물방울이나 얼음알갱이로 변하는데 이들이 모인 덩어리가 구름이다.

반면, 겨울은 정반대이다. 겨울엔 지구가 태양을 기준으로 은하수의 외곽 쪽에서 움직이고 있으니, 우리는 은하의 외곽을 바라보는 위치에 있는 것이다. 따라서 보이는 별의 숫자는 적다. 그러나 겨울엔 밝은 일등성들을 집중적으로 볼 수 있기에 찬란한 모습만큼은 여름의 은하수가 따라올 수 없다. 또 겨울의 별들은 다른 계절보다 더 화려하고 영롱하게 보인다. 가장 큰 이유는 공기의 수분함유 차이다. 공기의 수분, 즉 물방울은 빛의 진로를 방해하는 역할을 한다. 여름이나 다른 계절의 공기가 습한 데 비해, 겨울의 공기는 건조하다. 대기의 수분이 적은 탓에 겨울 하늘은 더 투명하고 맑고 푸르게 보인다. 또 맑고 파란 하늘은 명암이 뚜렷한 배경이 된다.

별자리를 찾아가기 전에 사계절에 대한 흥미로운 신화 하나를 먼저 들어보자. 이야기는 '봄의 삼각형(Spring triangle)'에서 시작된다. 봄의 삼각형이란 봄의 밤하늘에 보이는 커다란 삼각형—이등변

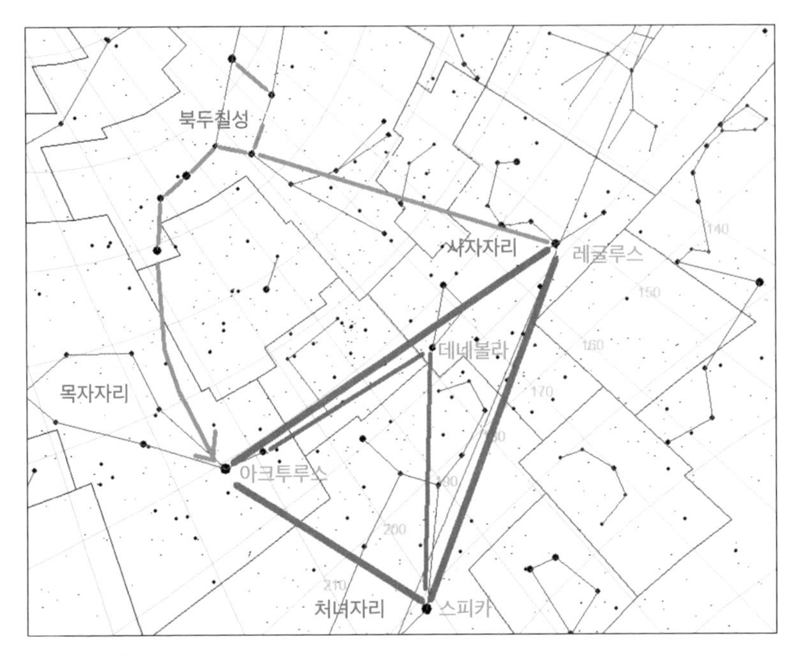

봄의 삼각형

삼각형 또는 정삼각형—형태의 아스테리즘을 부르는 이름이다. 대략 3월부터 5월 넘어까지 찾아볼 수 있다. 70도 정도 높이의 하늘에 위 그림처럼 굵은 선으로 표시된, 커다란 삼각형을 이루는 별들의 모양이다.*

삼각형의 가장 밝은 꼭짓점은 왼쪽 아래의 아크투루스라 부르는

* Simon Villeneuve/CC BY-SA (https://creativecommons.org/licenses/by-sa/4.0)

목자의 별, 그 아래 중앙 정남쪽의 꼭짓점은 처녀자리의 알파별—각 별자리에서 가장 밝은 별을 가리키는 용어—스피카, 그리고 중앙에서 오른쪽 위 꼭짓점은 사자자리의 레굴루스다.* 모두 일등성이다. 삼각형을 이루는 이들 별 외에 그림에서 연상해볼 수 있는 또 다른 아스테리즘은 맨 위 북두칠성의 손잡이에서 아크투루스와 스피카까지 잇는, 화살표와 직선으로 표시된 커다란 곡선이다. 이 선을 이름하여 '봄의 대곡선(Great spring curve)'이라 부른다.

이 중 스피카가 속한 처녀자리가 가장 직접적으로 계절의 신화와 연결된다. 처녀자리는 수확, 열매, 출산 등의 의미를 담고 있는 별자리이며 이 안에 여러 이야기가 얽혀 있다.

그리스 신화에 따르면 처녀자리는 빛나는 봄의 처녀 페르세포네Persephone를 상징한다. 그녀는 토지와 수확의 여신 데메테르Demeter의 딸. 그런데 지하세계의 신 하데스Hades가 첫눈에 반해 그만 그녀를 납치해간다. 지하세계는 번듯하였고 원하는 모든 것을 가질 수 있었으나, 지상의 어머니를 그리워하는 페르세포네는 언제나 눈물의 나날을 보낸다. 땅 위의 어머니도 슬픔의 나날인 것은 마찬가지. 봄의 여신, 수확의 여신이 슬픔에 빠지자, 지구는 누구도 살기 힘든 메마르고 황폐하고 춥고 삭막한 곳으로 점차 변해가기 시작했다.

---

* 레굴루스('작은 왕'이라는 뜻) 대신 사자의 꼬리에 해당하는 데네볼라('꼬리'라는 뜻의 아랍어에서 기원한 이름)를 꼭짓점으로 하는 삼각형을 지칭하기도 한다. 봄의 삼각형 서쪽 꼭짓점을 레굴루스로 하면 이등변삼각형, 데네볼라로 하면 정삼각형의 모양으로 약간 다르게 보인다.

이를 본 제우스가 도저히 안 되겠다 싶어 형인 하데스와 협상을 시작하였고 결국 페르세포네가 연중 절반은 지하에서, 절반은 지상에서 지내는 것으로 최종타결했다. 또 다른 설에서는, 지상으로 돌아오기 위해선 저승의 음식을 먹지 않아야 한다는 조건을 달았는데, 하데스의 꾐에 페르세포네가 저승 음식인 석류 열매를 먹은 탓에 일이 그만 어려워졌다. 그러나 딸을 돌려달라는 데메테르의 요청이 간절했기에 제우스는 페르세포네가 1년의 3분의 1을 지하세계에 머무르고 나머지 기간은 지상에서 어머니와 지내도록 중재했다. 어느 쪽 이야기든 페르세포네가 별이 되어 지상으로 올라오면 대지에 봄이 오고 여름이 오고 풍성한 열매를 맺고, 그것이 지나 다시 지하세계로 내려갈 때가 되면 떠나는 페르세포네의 슬픔, 또 딸을 보내야 하는 어머니 데메테르의 슬픔으로 지상의 나뭇잎들이 색을 잃고 떨어진다. 그렇게 페르세포네가 지하에 머무는 동안은 추운 겨울이고 지상으로 올라올 때 봄이 다시 찾아온다. 처녀자리의 알파별 스피카가 본래 보리 이삭을 뜻한다는 것도 이러한 맥락으로 이해할 수 있다. 이 이야기는 계절이 어떻게 만들어졌는가에 대한 옛날 사람들의 답이었다.

지구과학의 설명은 간단하다. 다음 그림이 보여주듯* 지구에 사계절이 있는 이유는 지구의 세로축이 수직에서 23.5도 기울어진 채 태

* Rajneesh kumar ThakurCC BY-SA (https://creativecommons.org/licenses/by-sa/4.0)

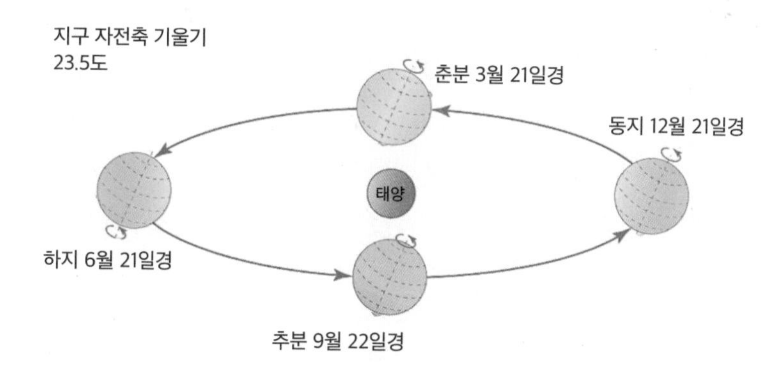

양을 공전하기 때문이다. 그래서 극지방이나 적도 부근을 제외하고, 북반구든 남반구든 궤도상 위치에 따라 태양 빛의 각도, 태양의 고도, 태양과의 거리 등이 달라진다. 그것이 바로 계절의 변화이고, 북반구와 남반구가 정반대의 계절을 맞이하는 까닭이다. 쉽게 말해, 북반구가 태양이 더 예리한 각도로 더 높이 솟아 더 오랜 시간 땅을 비추는 여름이라면, 남반구는 반대로 태양이 비스듬히 누운 각도로 낮게 솟아 더 짧은 시간 땅을 비추는 겨울인 것이다.

신화를 노래하던 아주 먼 시대 사람들은 어째서 계절의 변화를 겪는지에 대해 이렇게 말하지 않았다. 과학적인 지식이 없었기에. 그러나 기계적이고 건조한 과학의 해명보다 은하수가 그려낸 상상의 세계, 신화가 들려주는 이야기가 더 흥미와 여운을 남긴다.

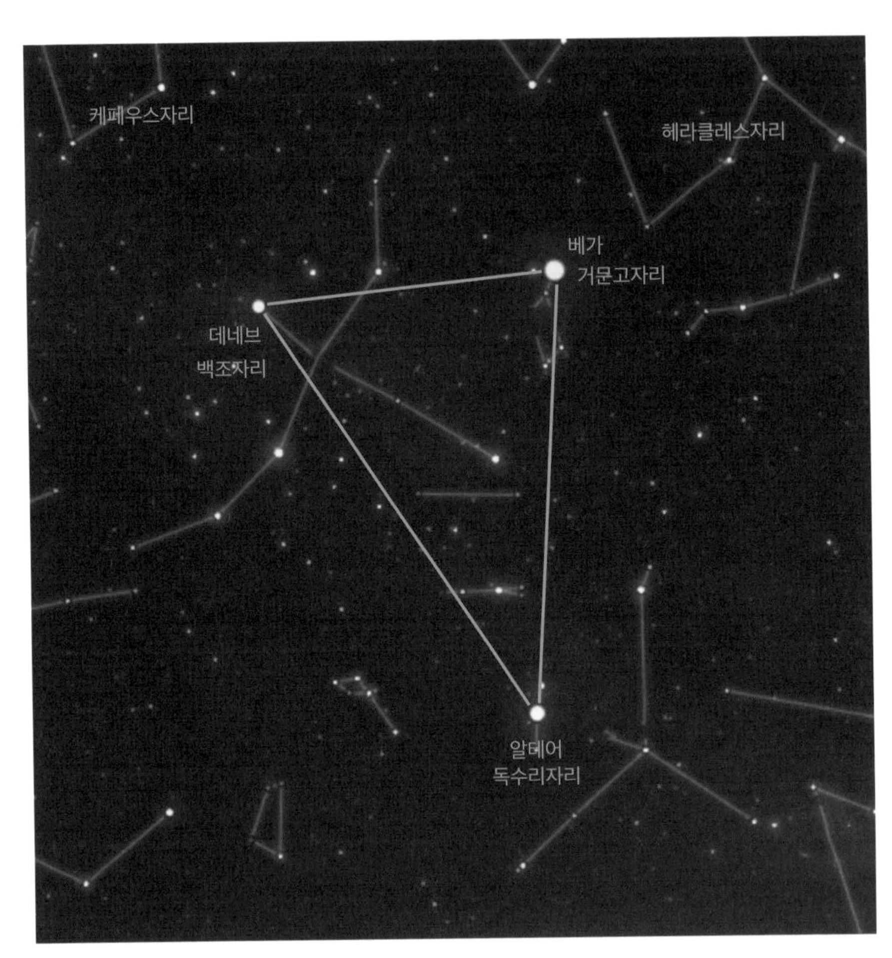

여름의 삼각형

봄의 밤하늘에만 삼각형이 보이는 것은 아니다. 여름에도 그에 버금가는, 오히려 더 명료한 삼각형 모양의 별자리를 찾을 수 있다. 그 여름의 삼각형을 왼쪽의 별자리 그림이 보여준다.* 삼각형의 제일 위쪽 꼭짓점은 서쪽에 있는 거문고자리의 베가(우리말로 직녀), 오른쪽 아래 동쪽의 꼭짓점은 독수리자리의 알테어(우리말로는 견우), 중간 왼쪽, 북쪽의 십자 모양은 백조자리의 데네브, 백조의 꼬리별이다. 백조자리를 이루는 별들을 이어보면 날개를 편 백조가 십자가 모양으로 보이기 때문에 '북십자성(Northern cross)'이라고도 불린다. 여름의 대표 별자리로 이 삼각형은 5월 말 정도부터 밤 11시경 북동쪽 하늘에 높고 넓게 자리 잡고 밤새 천천히 서쪽으로 이동한다. 그리고 초겨울에 이르기까지 긴 시간 동안 밤하늘을 밝혀준다.

뒤에 사랑 이야기가 나올 때 더 자세히 다루겠지만, 이 삼각형을 이루는 별자리들엔 여러 신화가 얽혀 있다. 오르페우스Orpheus와 에우리디케Eurydike 이야기, 견우와 직녀 이야기 외에도 백조는 제우스, 독수리는 아프로디테Aphrodite란 얘기도 있다. 자기가 사랑한 여신 네메시스Nemesis의 동정심을 얻고자 제우스가 독수리에 쫓기는 불쌍한 백조로 변신했다는 것. 아프로디테는 여기서 제우스가 벌인 사랑의 꼼수를 돕기 위해 독수리로 변한 공범자인 셈이다. 또한 네메시스가 아니라 지상의 여인 레다Leda가 관계의 상대였고 이 관계로 얻은 자식 중 하나가 트로이 전쟁의 여인 헬렌Helen이라는 다른 버전의 이야기도 있다. 무엇이 되었든 여름의 삼각형은 제우스가 자신이 벌인

---

* www.stellarium-web.org 유럽우주국 별자리 프리소프트웨어.

연애 사건을 밤하늘의 별로 새겨놓은 기록이다.

별자리가 만들어진 기원

별자리를 찾아가기 전에, 별자리는 무엇이며 누가 만든 것일까 하는 질문에 답할 필요가 있다. 아스테리즘이든 컨스텔레이션이든 별자리는 하늘의 일정한 지역에 특정한 모양을 이루고 있는 별의 집단을 말한다. 오래전부터 별과 별자리를 아는 것은 인간의 생존과 집단의 유지를 위한 필수지식이었다. 방향과 지리, 다시 말해 가는 길과 돌아오는 길을 알려주었기 때문이다. 또한 별과 별자리의 규칙성은 개인과 집단의 삶을 이해하고 사회를 운용하는 데 바탕이 되었다. 지리와 책력은 세대를 넘어 반드시 전승되어야 했다.

그러자면 보다 간명하게 밤하늘을 읽는 방법이 필요했고, 그 방법 중 하나로서 별과 별을 엮어 이야기로 만들게 되었다. 이를 위해 별들의 집합체를 각자가 품고 있는 옛이야기 속의 주인공—영웅이든, 괴물이든, 동물이든, 다른 무엇이든—과 비교하거나 일치시켰다. 그 형식이 여러 지역이나 나라에 전해지는 신화다. 별자리는 어느 특정인이 만든 것이 아니라 오랜 기간에 걸친 삶의 지혜로서 각각의 사회에서 집단적으로 만들어진 것이다.

그러나 실제로 각각의 별자리를 구성하고 있는 별들 사이에는 서

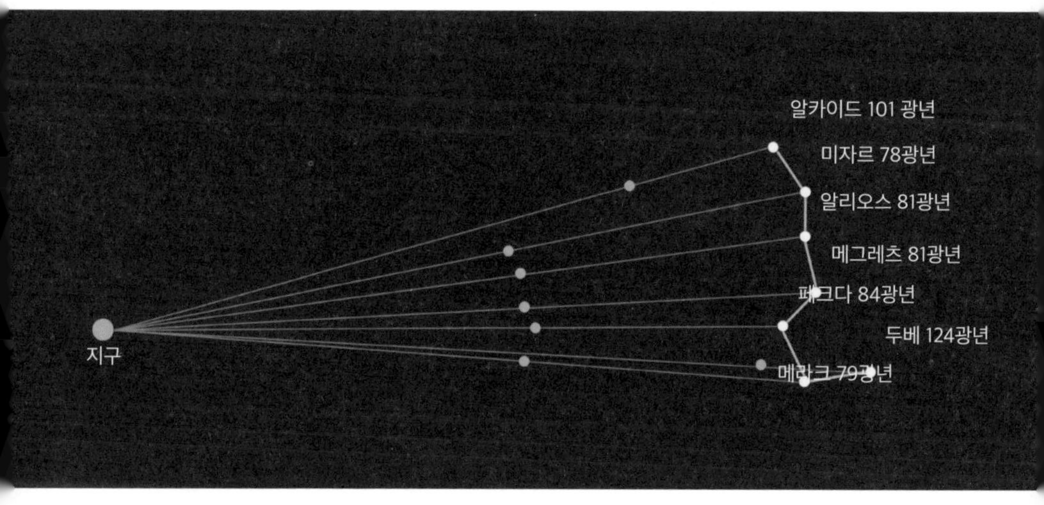

지구에서 북두칠성 각 별들까지의 거리

로 아무 관계가 없다. 마치 별들이 한 평면에 모여 일정한 모양을 형성하고 있는 것처럼 보기 쉽지만 실상은 전혀 그렇지 않다. 예를 들어 북두칠성의 경우, 위 그림이 보여주듯 국자 모양 아래쪽 메라크와 위쪽 두베 사이의 거리는 무려 45광년이나 떨어져 있다. 그럼에도 우리 눈에 두 별은 같은 평면에 세로로—혹은 보기에 따라서 가로로—나란히 위치한 것처럼 보인다. 이렇게 보이는 별자리의 모습을 우주 신기루(Cosmic mirage)라고 부르기도 한다.

별의 밝기를 등급으로 나눈 그리스의 히파르코스에 이어 별을 일정한 모양으로 묶어 각각의 자리로 정리한 최초의 인물은 앞서 언급한 고대 천문학자인 프톨레마이오스이다. 프톨레마이오스는 『알마게스트』에서 이전 시대의 별자리 관련 전승 자료를 망라해 48개의 별자리로 밤하늘의 별 목록을 만들었다.

프톨레마이오스는 오랜 천문학 역사상 가장 중요한 학자 중 한 사람이다. 별의 밝기를 정리한 히파르코스의 업적도 그를 통해서 알려지게 되었고, 무엇보다 중요한 것은 천동설의 과학적 근거를 세웠다는 점이다. 비록 나중에 갈릴레이Galileo Galilei에 의해 오류로 입증되었지만, 천동설은 고대에서 중세에 이르는 천 년이 넘는 긴 기간, 우주를 설명하고 우주관의 기초를 닦은 당시의 핵심 논리였다. 또한 그가 정리한 별의 목록은 16세기 덴마크 천문학자 브라헤Tycho Brahe가 정밀한 관찰을 통한 자료를 발행하기 전까지 가장 중요하고 거의 유일한 체계적인 천문학 자료였다.

프톨레마이오스는 메소포타미아, 바빌론, 이집트, 그리스 등 중동 지역과 그 인근에 오랫동안 전해 내려온 별자리 신화와 전설을 자신의 관찰과 분석을 추가해 종합하고 정리했다. 신화의 인물이나 동물 형상에 맞추어 지은 풍성한 상상의 산물인 이 48개의 별자리는 그가 이집트에 살면서 활동했기에 거의 북반구에서만 보이는 것들이었다. 17세기에 이르러 천문관측 망원경들이 정교해지고 자료들이 쌓이면서 20여 개 이상의 별자리가 추가되었고, 18세기 들어 적도 이남으로의 항해가 빈번해지면서 남반구 하늘의 별자리까지 열네 개가 더 늘었다. 1930년 국제천문연맹(International Astronomical Union, IAU)은 이를 총 88개의 별자리로 정리하여 발표했다.

은하수 이야기

어린 시절에는 누군가 달에 산다고 믿어왔다. 어슴푸레한 달 표면엔 뭔가 다른 것이 있으리라고 여겼다. 옛이야기에서 달에는 토끼도, 옥녀도 산다 하였다.

푸른 하늘 은하수 하얀 쪽배엔
계수나무 한 나무 토끼 한 마리
돛대도 아니 달고 삿대도 없이
가기도 잘도 간다 서쪽 나라로.

은하수를 건너서 구름 나라로
구름 나라 지나선 어디로 가나
멀리서 반짝반짝 비치이는 건
샛별이 등대란다 길을 찾아라.

윤극영, <반달> 노랫말

샛별은 금성을 말하지만 금성을 등대 삼아 별들이 모여 강처럼 흐르는 은하수를 찾기는 거의 불가능하다. 왜냐하면 금성이 그런 방향타 역할을 할 만한 위치에 있지 않은 탓이다. 지금까지 알려진 바로, 우주에는 대략 2천억에서 1조 개에 이르는 은하가 있고, 각 은하

은하수

에는 대략 2천억에서 5천억 개의 별들이 존재하는 것으로 추산한다. 우리의 태양계가 속해 있는 은하수는 그 수천억 개 은하수 중 하나다. 모양으로 보면 우리의 태양계 은하수는 평평한 원반이다(위 그림 참조). 직경은 대략 십만 광년이지만 두께는 고작 천 광년 정도이다. 1광년은 빛이 1년 동안 이동한 거리로 약 9조 5천억 킬로미터에 달한다. 천억 개든 5천억 개든, 십만 광년이든 만 광년이든 그 거리와 크기는 이렇듯 말로 할 수는 있어도, 우리가 상상하거나 감당할 수 없는 언어도단의 경지이다.

그럼 하늘에 뜬 별들은 모두 우리의 은하수에 있는 것일까? 맨눈으로 볼 수 있는 별들은 그렇다. 물론 우리의 은하수 밖에도 헤아릴 수 없이 많은 별이 있다. 불과 100년쯤 전만 해도 우리는 태양계가 속해 있는 은하수가 우주의 전부인 줄 알았다. 오늘날 우리의 밤하늘은 완전히 달라졌다. 별의 지리학과 천문학이 수많은 별을 찾아냈을 뿐 아니라 그 은하수가 불가사의처럼 많은 은하수 중 하나에 불과하다는 사실을 알게 된 것이다.

우리 태양계가 속해 있는 은하수는 밤하늘 어디쯤 있을까. 우리나라 같은 북반구의 경우, 앞서 설명했듯 여름의 은하수와 겨울의 은하수는 약간 다르게 보인다. 대략 밤 10시 이후, 북극성을 시작으로 오른쪽으로 북동쪽, 시간이 가면서 더 내려가 동쪽, 이어서 동남쪽 그리고 남쪽과 남서쪽으로 밤하늘을 천천히 훑어가면 보이는 별들의 무리, 그것은 여름의 은하수다. 여름보다 보이는 별이 훨씬 적은 겨울 은하수는 반대로 북서쪽에서 동남쪽으로 이어진다. 물론 육안으로 볼 때는 여름과 겨울의 차이가 그리 두드러지지 않는다.

영어권 국가에서는 우리 태양계를 품은 은하수를 '우유가 흐르는 길'이란 뜻의 'Milky Way'라고 부르는데 이 단어는 라틴어 'Via Lactea'를 직역한 것이다. '은하'를 뜻하는 'Galaxy' 역시 '우유'를 뜻하는 그리스어 'Gala'에서 유래했다. 남도와 제주 지역에서는 은하수를 '미리내'라고 부르는데, 길고 긴 별 무리가 하얗게 이어지는 것이 마치 용(우리 고어인 '미리'는 용을 뜻함)이 긴 내를 이룬 듯하다 하여 붙여진 이름이다. 중국에서도 은하수를 '천상의 큰 강'으로 여겼다. 아프리카 어느 부족은 은하수를 별들을 지탱해주는 '하늘의 척추'라고 불렀다.

은하수의 서구식 이름에 우유를 포함하게 된 데에는 제우스와 그의 아들 헤라클레스Heracles, 부인인 여신 헤라가 관련되어 있다. 다른 여자, 그것도 인간 여자와의 사이에서 태어난 헤라클레스를 헤라가 반길 이유는 없었다. 제우스는 자신의 아들을 신에 버금가는 영웅으로 키우기 위해 헤라 여신의 젖을 먹도록 자기의 비서 격인 헤르메스Hermes를 동원했다. 헤르메스는 잠든 헤라의 침실로 몰래 들어가 어린 헤라클레스에게 여신의 젖을 물렸다. 그러나 헤라클레스가 워낙 세게 젖을 무는 바람에 헤라가 깨어나 기어이 헤라클레스를 밀어내고 말았다. 이때 여신의 가슴에서 솟구쳐 나온 젖이 하늘로 날아가 흐르며 우윳빛 강 같은 은하수가 되었고, 미처 하늘로 오르지 못하고 땅에 떨어진 젖 방울에선 백합이 피어났다고 한다.

하늘에는 우리의 우유 은하수 외에도 안드로메다 은하, 검은 눈의 은하, 나비 은하, 수레바퀴 은하, 담배 은하, 또 다른 이름을 지닌 무수한 은하수, 즉 별 무리가 있다. 우리는 이들 은하수에 대해 얼마만큼 알고 있을까? 오늘날 하늘을 읽을 수 있는 천문학이 매우 크게 발전했음에도, 은하수들이 왜 만들어지는지, 어째서 서로 다른 모양으로 만들어지는지, 또 무슨 까닭으로 마치 바다의 섬처럼 서로 멀리 떨어져 있는지 등의 물음에 여러 이론이 있을 뿐 하나의 확실한 답을 내놓지는 못하고 있다.

사수자리 이야기

크기와 모양도 천차만별인 각각의 은하수 중 태양계가 있는 우리의 '우유 은하수'는 상대적으로 작은 편에 속한다. 원반 모양인 우유 은하수의 지름은 대략 10만 광년만큼의 거리, 두께는 천 광년만큼의 거리이다. 그럼 우리가 보고 있는 별들의 고향 은하수의 중심이 어느 방향에 있는지 육안으로 찾을 수 있을까? 가능하다. 여름밤 정남쪽의 한 별자리를 바라보고 대략 40~50도 정도 높이의 하늘, 그 방향으로 상상의 직선을 끝없이 계속 그어가면 닿을 수 있는 멀고 먼 곳에 있다. 정남쪽의 그 별자리는 사수자리고 은하수의 중심은 그곳 가까이에 있다(다음 그림 참조).* 지구에서 이 사수자리까지의 거리는 대략 2만 6천 광년 정도이다.

사수자리는 황도(태양이 지나는 길로, 자세한 내용은 '별의 메시지' 장 참조) 12궁의 이름으로 라틴어로 '사지타리우스Sagittarius', 영어로 'Archer constellation'이다. 'Sagittarius'라는 이름은 '사지타sagitta', 즉 '화살'을 뜻하는 라틴어에서 기원한다. 말타기에 능숙한 고

* ESA/Hubble/CC BY (https://creativecommons.org/licenses/by/4.0)

은하수의 중심

대 그리스의 테살로니키 종족을 지칭하는 말이기도 하지만, 화살을 쏘는 반인반마의 신화 속 존재인 '센토Centaur' 또는 '켄타우루스'를 가리키는 말이기도 하다.*

사수자리는 6월부터 9월까지 여름에 볼 수 있는 별자리다. 비교적 낮은 높이로 남쪽 하늘에 자리 잡고 있어 찾기도 수월하다. 그러나

---

* '센토'라는 이름의 별자리는 따로 존재한다. 일등성을 두 개 가지고 있는 남쪽 하늘의 별자리인데 북반구에서는 사실상 볼 수 없다.

별자리가 워낙 넓게 퍼져 있고 상대적으로 희미하기에 제대로 보기는 어렵다. 바로 위쪽에 자리한 토성은 그에 비하면 조명등처럼 밝게 빛나고, 그 오른쪽으로 약간 떨어진 목성은 거의 태양 수준의 밝기이다. 따라서 아주 맑은 밤이 아니면 사수자리는 찾기를 포기해야 할 정도다. 그림에 보듯 사수자리의 일부 별들을 선으로 이으면 주전자 모양의 아스테리즘을 만들 수 있다. 이 모양이 우리가 육안으로 찾을 수 있는 사수자리의 모습이다. 주전자처럼 생겼다고 해서 주전자 별(teapot)이라고도 불린다. 6월 하순부터 밤 9시 이후 남동쪽에서 남쪽, 대략 30~40도 정도 높이에 자리한 토성과 목성 부근을 유심히 한참 바라보는 것이 요령이다.

이 별에 몇 가지 신화들이 얽혀 있지만 이름과 가장 부합하는 이야기는 주인공이 켄타우루스가 아니라, 판의 아들 크로토스Crotus이다. 활과 화살을 발명했다고 전해지는 크로토스는 목신인 아버지를 그대로 닮은 자연의 아들답게, 말을 타고 천지를 다니며 사냥을 하고—그래서 19세기 영국에서 그려진 다음 별자리 삽화에서처럼 반인반마의 형상으로 그려진 듯하다—음악과 예술과 학문의 신, 흔히 뮤즈라 부르는 여신인 제우스의 딸들과 함께 지냈다. 크로토스는 또 음악을 좋아하여 여신들이 노래할 때 옆에서 박자를 맞추며 흥을 돋워주고 박수갈채도 만들어냈다고 한다. 나중에 여신들이 아버지인 제우스에게 청하여 그가 하늘의 별자리로 새겨졌고 그것이 사수자리가 되었다는 이야기다.

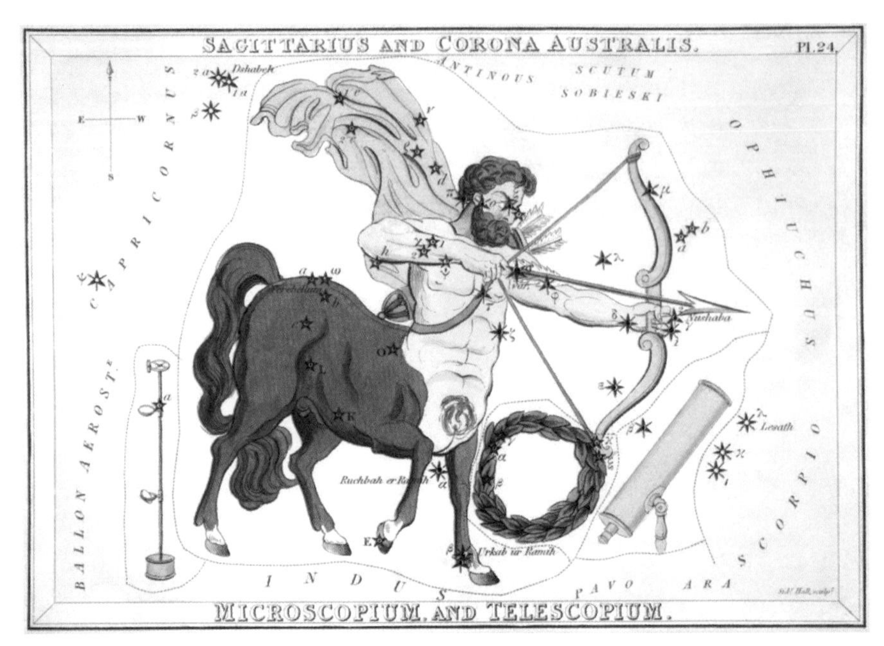

사수자리

그럼 사수의 화살은 어디를 겨냥하고 있는 것일까? 바로 옆 전갈자리(Scorpio)의 일등성이자 전갈의 심장인 '안타레스'라 이름 붙은 별이다. 어째서일까? 오리온을 죽음에 이르게 한 전갈에 복수할 요량으로 그런 준비 자세를 취하고 있다고 신화는 설명한다.

사실 오리온의 죽음은 자신이 불러온 비극이었다. 여러 이야기 가운데 전갈과 관련한 버전에 따르면, 지상의 모든 동물을 다 죽일 수 있다고 호언장담하는 사냥꾼 오리온의 오만함을 처벌하기 위해 대지의 어머니 가이아Gaia가 전갈을 보냈고 결국 오리온은 그 독침에 죽었다고 한다. 이후 제우스가 사람들의 오만함을 경고하는 취지로 전갈과 오리온을 동시에 하늘의 별자리로 올려주었다는 이야기다. 이와 전혀 다른 이야기는 사냥의 여신인 아르테미스Artemis가 오리온을 사랑하게 되었는데, 그것을 용납하지 못한 아르테미스의 오빠 아폴로Apollo가 전갈을 보내 오리온을 죽게 했다고 전한다. 또 다른 버전에 따르면 아폴로의 꾐에 넘어간 아르테미스가 쏜 화살에 오리온이 죽었고 이에 아르테미스가 제우스에게 오리온을 하늘의 별로 올려달라고 간청했다고 한다.

그런데 어디에도 왜 사수가 오리온의 복수를 자청했는지에 관해선 설명이 없다. 아마도 사수자리의 모양에 맞추어 오리온 이야기를 덧붙인 것이 아닐까 추측해본다.

황소자리와 겨울의 육각형

이제 밤하늘이 보여주는 최고의 별 잔치로 지리학 얘기를 마감할 때다. 앞서 이야기했듯 다른 어느 계절보다 겨울의 밤하늘은 밝은 별들로 풍성하다. 북반구에서 우리가 볼 수 있는 일등성 열다섯 개 중 일곱 개가 겨울 하늘에 나타나기 때문이다. 대략 겨울의 이른 밤, 해가 지고 나면 얼마 지나지 않아 동쪽 하늘에 다음 그림 왼쪽 위 마차부자리부터 아래쪽 오리온자리 별들이 서서히 모습을 드러낸다. 특히

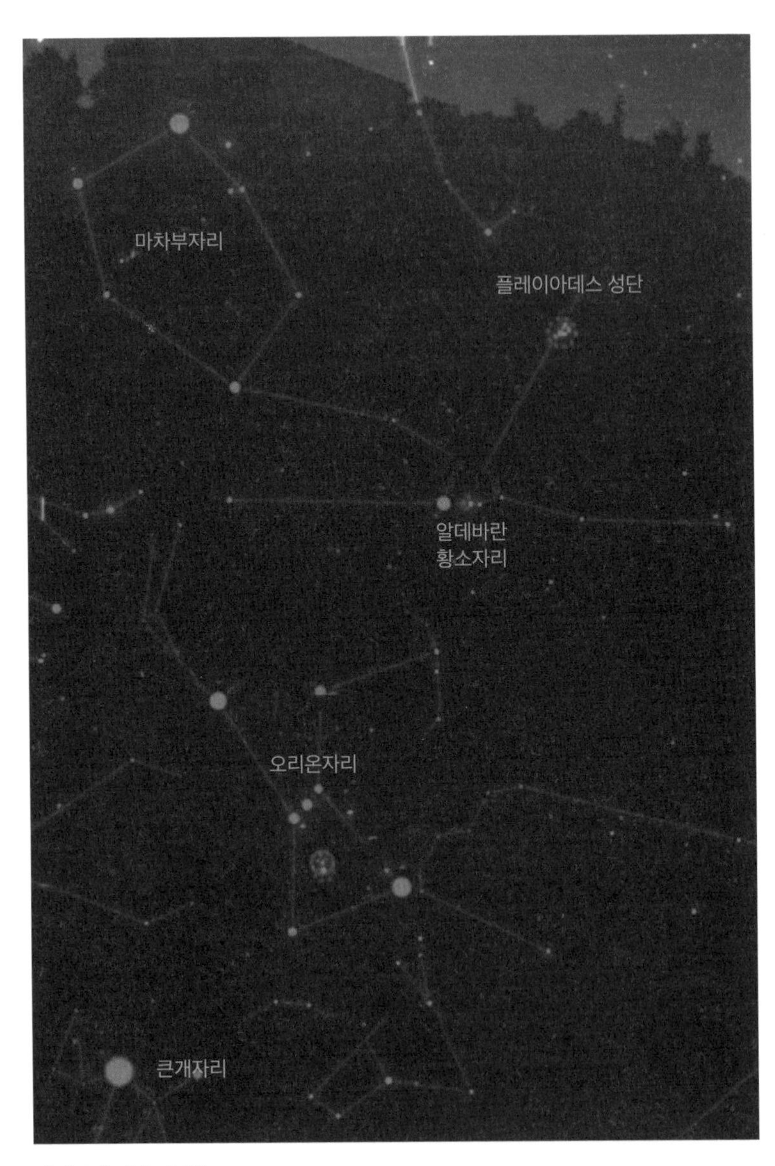
마차부자리
플레이아데스 성단
알데바란
황소자리
오리온자리
큰개자리

북반구의 겨울 밤하늘

겨울의 맑은 밤이라면, 북쪽에서 동쪽으로 이어지는 하늘은 이들과 함께 황소, 페르세우스, 카시오페이아 등의 별자리가 더해지면서 겨울밤의 빛나는 별 잔치를 만들어낸다.

여기서 황소자리 이야기를 짚어보자. 황소자리에는 오늘날 유럽과 지중해 주변의 지명, 나아가 그리스라는 나라의 역사가 일부 담겼다.

왼쪽 별자리 그림* 중앙 위쪽 황소자리라고 표기된, 가로로 누운 V자 모양에서 황소를 연상하기는 쉽지 않다. 그러나 V자의 양쪽 기둥을 뿔, 그리고 둥글게 표시된 알파별 알데바란을 황소의 눈—분노의 눈동자라고도 불리는—이라고 생각해보라. 오리온자리를 기준으로 찾으면 대체로 잘 볼 수 있으나 구름이 제법 끼었을 경우엔 알데바란 정도만 눈에 띈다. 알데바란은 '뒤따르는 자(follower)'라는 뜻인데, 황소자리 위로 이어지는 선 끄트머리에 자리한 플레이아데스성단**에 뒤이어 지평선으로 떠오르기 때문에 붙은 이름이다.

황소자리 이야기의 핵심은 이 황소가 어떤 이야기를 품은 누구인가이다. 두 가지 이야기가 있는데 모두 제우스의 연애 사건과 연관된 것들이다. 첫 번째 신화의 황소는 제우스가 벌인 밀회 행각의 대상인 이오Io이고, 두 번째 신화의 황소는 제우스 자신이다.

---

* www.stellarium-web.org 유럽우주국 별자리 프리소프트웨어.

** 성단(star cluster)은 별들이 모여 한 집단을 이룬 모양을 가리킨다. 플레이아데스성단은 육안으로도 볼 수 있으나 희미하다. 쌍안경으로 보면 마치 왕관 같은 모양으로 아름답게 뭉쳐진 예닐곱 개의 별을 찾을 수 있다. 전문가용 천체 망원경으로 찾아보면 5백여 개까지 확인 가능하다고 한다. 알데바란 부근에서 '하이아데스'라 불리는 유사한 모양의 또 다른 성단도 볼 수 있는데 모두 거신 아틀라스의 딸들이라고 신화는 말한다.

이오는 본래 헤라를 모시는 여사제였다. 하필 아내의 사제와 연애에 빠진 제우스는 헤라의 질투를 피할 요량으로 이오를 암송아지로 변신시켰다. 그것을 모를 리 없는 헤라, 암송아지를 달라고 해서는 구유에 가두어두고 백 개의 눈을 가진 파노프테스Panoptes로 하여금 지키게 했다.* 애가 닳은 제우스는 비서 헤르메스를 시켜 결국 파노프테스를 죽이고 이오를 탈출시켰다. 그러나 물러설 헤라인가. 죽은 파노프테스의 눈은 소중히 모아 공작새의 꼬리날개에 붙여두고 나서 이번에는 등에를 날려 이오를 지독하게 쏘아대었다. 온 세상천지를 쫓겨 다니게 된 이오는 두 개의 바다를 건너 이집트에 도착해서야 비로소 헤라의 분노에서 벗어나 본래 모습으로 돌아올 수 있었다.

이 두 개의 바다 중 첫 번째 바다가 그녀의 이름을 딴 이오니아해Ionian Sea—지중해의 북쪽, 그리스와 이탈리아 남부 사이의 바다를 지칭하는 이름—이다. 두 번째 바다는 보스포루스 해협Bosphorus Straits, 즉 '소가 건넌 길'이라는 뜻으로, 오늘날 이스탄불을 유럽과 아시아로 나누면서 지중해의 동쪽 에게해와 흑해를 이어주는 바닷길이다.

두 번째 신화에서는 제우스 본인이 페니키아의 공주 에우로파Europa를 유혹하기 위해 황소로 변신했다. 사실 에우로파는 이오의 증손녀뻘이다. 에우로파의 아버지인 페니키아의 왕이 이오의 손자이기

---

* 파노프테스는 '모든 것을 보는 이'라는 뜻으로 1백 개의 눈이 온몸에 붙어 있는 괴물로 그려진다. 감시탑 등의 의미로 쓰이는 '파놉티콘'은 같은 어원에서 비롯되었다.

때문이다. 대를 넘어 연애를 건 제우스는 유혹에 성공하자 에우로파를 등에 태우고 바다를 건너 크레테 섬으로 건너가 함께 살림을 차렸다.

이름에서 짐작되듯 오늘날 유럽이라는 대륙의 명칭이 여기에서 비롯된다. 제우스가 그녀에게 함께 사는 대가로 바다 건너 보이는 그 넓은 땅에 그녀의 이름을 붙여주겠다고 약속했기 때문이다. 이러저러한 해석이 난분분하지만, '유로파'라는 이름은 '넓다'라는 뜻을 지닌 'eurys'와 '모양'이라는 뜻을 가진 'ops'가 합쳐진 말이라는 것이 가장 일반적인 설명이다.* 다시 말해 '넓은 대지'라는 의미이다. 제우스와 에우로파는 크레테 섬에 살면서 세 아들을 낳는다. 그중 하나가 미노스Minos. 크노소스 궁전의 유적으로 널리 알려진, 청동기 시대 미노아 문명을 역사의 기록으로 남긴 크레테의 왕, 바로 그 미노스다.

에우로파의 얘기는 여기서 끝이 아니다. 앞서 말했듯 에우로파는 본래 페니키아, 오늘날의 레바논 지방 출신이다. 실종된 딸을 찾기 위해 페니키아의 왕은 세 아들을 출동시켰다. 그중 하나인 오빠 카드모스Kadmos는 델피Delphi의 신전으로 갔다. 그러나 신탁은 동생의 행방에 대해선 염려치 말라며 '신전 밖에 서 있는 소를 따라가다 그가 멈추는 곳에 도시를 건설하라'라는 명령을 내린다. 소가 멈춰 선 곳이 오늘날도 여전히 그 이름으로 불리는 보이오티아Boeotia—그리스 본토 중심부 남쪽 지역으로 'Boe'는 소를 의미한다—였고, 그들

* 그리스 신화에 나오는 크로노스의 아내 레아의 로마식 표기인 'Ops'와는 다른 단어.

이 그곳에 세운 도시가 테베Thebes로, 고고학적 유물과 유적이 입증하듯 그리스에서 가장 오래된 도시이자 청동기 시대에 가장 강성했던 그리스 국가 중 하나이다. 비극적 신화의 인물로 너무나 잘 알려진 오이디푸스Oedipus가 바로 테베의 왕이고, 영웅 헤라클레스와 술의 신 디오니소스Dionysos 등의 신화를 정리한 역사학자 헤시오도스Hesiodos, 고대 그리스의 시인 핀다로스Pindaros 역시 테베 출신이다.

이렇게 보면 황소, 즉 제우스 자신의 별자리 이야기는 그리스 문명의 시작과 확산, 나아가 유럽의 기원과 연관되는 이야기를 전해준다. 실제 청동기 시대 그리스인들은, 서쪽으로는 오늘날의 스페인으로부터 동쪽으로는 오늘날 조지아라 부르는 옛 소련의 그루지야에 이르는 넓디넓은 지역으로 이주해 각각의 터전을 이루며 살았다. 일종의 디아스포라이다. 스페인부터 이탈리아를 망라하는 지중해, 발칸 반도에서 흑해에 이르는 지역, 레바논과 이스라엘, 그리고 북아프리카 등 이들의 발자취는 넓고도 깊었다. '범그리스세계(Panhellenism)'는 이러한 사회적, 지리적 정황을 포괄하는 용어이다.

그리스의 공식 국가명은 'Hellenic Republic'인데, 어원은 분명치 않으나 그들이 조상으로 섬기는 데우칼리온Deucalion의 아들 헬렌으로부터 전해졌다는 설도 있고, 그리스 평야 지역에 살던 헬레네스라는 부족의 이름이 전체를 통괄하는 이름으로 굳어졌다는 설명도 있다. 헬레니즘이라는 용어도 여기에서 나왔다. 한편 보이오티아인들은 '그라이코스Graikos'라고 불렸는데 그들이 기원전 8세기에 이탈리

겨울의 육각형

아로 이주하면서 그리스라는 이름이 나왔다는 설이 있다.

이제 별들의 빛나는 잔치인 '겨울의 육각형(Winter hexagon)'으로 넘어갈 차례다. 위 그림은 대략 11월부터 3월 하순까지 볼 수 있는 겨울 밤하늘의 모습이다.* 겨울철에 한꺼번에 몰리는 일곱 개의 일등

* Elop using Stellarium/CC BY-SA (https://creativecommons.org/licenses/by-sa/3.0)

성 별들이 여기에 집적되어 있다. 북반구에서 보이는 일등성이 총 열다섯 개이니 절반가량의 일등성이 모인 셈이다. 앞서 언급했듯 여름의 은하수가 숫자로는 풍성해도 겨울 밤하늘의 영롱하게 빛나는 결정체 모양에는 비견되기 어렵다.

맨 위 쌍둥이자리의 폴룩스부터, 마차부자리의 카펠라, 황소자리의 알데바란, 오리온자리의 리겔, 큰개자리의 시리우스, 작은개자리의 프로시온까지 시계방향으로 선을 이어가면 육각형이 이뤄진다. 여기에 덧붙일 일곱 번째 별은 육각형 안쪽에 있는 오리온자리의 베텔기우스이다. 겨울밤 9시경이면 동남쪽, 대략 40도 정도의 높이에서 이 별들이 보이기 시작한다. 비교적 잘 알려진 편인 '오리온의 삼태성'—오리온자리 안쪽에 나란히 자리한 세 개의 별들로 알니타크, 알닐람, 민타카를 가리킴—을 중심으로 주변을 살펴보면 온통 하늘을 뒤덮을 듯한, 별들이 그리는 거대한 육각의 도형을 찾을 수 있다.

겨울의 육각형은 겨울 한가운데를 지나 3월 봄날까지 이어진다. 봄에는 저녁 8시를 넘기면서 육각형의 별들이 오리온자리를 중심으로 하늘에서 화려한 군무를 펼친다. 9시를 넘기면 동쪽 하늘에 봄의 전령사인 사자자리 별들이 올라오기 시작하고 그를 따라 목자자리, 그리고 조금 더 낮게 남쪽으로 처녀자리의 스피카도 함께 보인다. 그에 맞추어 겨울의 육각형은 서쪽으로 같은 속도로 이동한다. 10시를 넘겨 11시에 가까워질 무렵 높이 하늘을 바라보면 오른쪽엔 겨울의 육각형, 왼쪽엔 봄의 삼각형이 크게 자리 잡는다. 마치 겨울의 일등성들과 봄의 일등성들이 동쪽에서 서쪽으로 화려한 별들의 대행진을 벌이는 형국이다.

바로 이 시간 우리는 북반구에서 볼 수 있는 열다섯 개의 일등성 중 무려 열 개를, 동에서 서에 이르는 넓디넓은 밤하늘에서 목도할 수 있다. 다이아몬드를 흩뿌린 듯한 별들의 수려한 공연이다. 약간의 추위를 견딜 준비만 되어 있다면, 별바라기의 고초를 단번에 날려버릴 만큼 웅장하고 경이로운 우주와의 조우다. 이 시간을 놓치면 별빛은 삽시간에 약해진다. 마치 놓쳐버린 인연이 그대로 멀어져가듯.

오랜 옛날부터 지금까지 하늘은 지상에 사는 우리에게 변함없이 이런 선물을 주고 있다.

별의 세계사

바다와 하늘과 별과 땅의 지식은 제국이 확보해야 할
최고의 전략적 자산으로 간주되었다. 과학과 제국주의, 그리고
자본주의는 하나의 고리로 연결된 거대한 프로젝트였다.

삶의 시간표

사람들이 별을 보기 시작한 내력은 길고도 길다. 인류의 역사는 별을 바라보아온 역사로 써낼 수도 있다. 별을 관찰하고, 온갖 이야기를 별에 싣고, 그것을 기록으로 남긴 자취는 동서고금을 관통하는 인류 공통의 경험이다. 천문학이 가장 오래된, 가장 일찍 발달한 자연과학 분야인 이유도 여기에 있다. 물론 성과의 질과 양 측면에서 각 시대와 지역별로 큰 차이가 있지만, 별을 보고 하늘의 운행을 읽는 작업 자체가 인류사의 큰 기둥에 속했다는 것은 기억해야 할 중요한 사실이다.

여기에서 핵심은 별 또는 별자리가 보여주는 규칙성(regularity)이다. 별과 별자리는 특정 시점에 특정한 위치에 언제나 존재하고, 거기에서부터 늘 특정한 방향으로 움직인다. 하늘은 매일 아침 태양이 떠오르고 매일 밤 달이 뜨는 거대한 무대이다. 태양이며 달이며 또 다른 무수한 별들은, 그 무대에 어김없이 등장하는 약속된 시계와 같다.

사람들의 모듬살이—사회로 부르든, 국가로 부르든—는 그러한 시간의 규칙성에 기초한다. 고대사회에서 시간 규칙은 해와 달, 별자리에 의존했다. 별의 규칙적 운행은 계절마다 해야 할 일과 시간을 알려주고, 지리적 위치를 파악하게 해주었다. 농사짓기의 시간표를 세우게 했고, 날씨를 예측하게 했으며, 항해하는 방향을 잡게 했고, 바다와 땅을 관측하게 했다. 그뿐만 아니라 정치적 결정이나 제사 같은 종교적 행사를 수행하는 데에도 주요한 지침을 주었다.

따라서 하늘의 패턴, 즉 규칙성에서 벗어나는 별의 현상은 매우 중대한 징조로 특히 사회적, 정치적 변동을 미리 보여주는 신호로 읽혔다. 근대 이전, 각 지역이나 국가마다 별과 별자리의 운행을 관찰하고 해석하는 나름의 체계가 만들어졌던 것도 이 때문이다. 다시 말해 별과 별자리는 현실을 이해하고 설명하는 참고자료인 동시에 앞으로의 해결책과 방향을 가리키는 답안이었다. 고대 각 지역의 국가들이 별과 하늘을 관찰하는 조직을 두고, 그 임무를 수행하는 사람들이 종교기관의 사제와 다름없는 역할과 위상을 가지고 있었던 이유도 바로 그것이다. 별은 하늘의 길잡이이자 동시에 지상의 길잡이였다.

하늘을 아는 자, 바다를 다스린다

별의 지리를 잘 아는 것, 그리하여 자기의 길이 어디인지를 분명히 아는 것, 그것은 땅과 바다를 다스리는 필수적인 요건 중 하나이다.

대략 15세기부터 유럽인들은 땅과 바다를, 그리고 하늘을 이전 시대와 다르게 인식하기 시작했다. 이때부터 과학적 방식으로 하늘의 별을 알고 땅의 길을 아는 새로운 지식 체계, 즉 지동설에 기초한 근대적 세계관이 만들어지기 시작했다.

땅과 하늘의 지리에 대한 새로운 인식은 영토와 국민과 주권을 핵심으로 하는 근대국가라는 새로운 정치체제, 아울러 자본주의라는 새로운 경제체제의 토대가 되었다. 이 같은 변화를 무엇보다 분명하게 드러내는 것이 제국주의 정치·경제의 역사다. 땅의 지식과 하늘의 지식, 나아가 바다의 지식을 결합하여 국민국가의 경계를 해외 영토로까지 확장시키는 것, 그것이 제국주의이다.

지리적 관점에서 제국주의의 출발을 가장 적나라하게 드러내는 상품은 귀금속을 먼저 떠올릴지 모르겠는데 향신료가 답이다. 16세기 들어 3대 향신료라 일컫는 후추, 계피, 정향*이 유럽 사회에서 사치품이 아니라 필수품이 되었다. 먹거리라는 생필품인 것인데 문제는 이들이 모두 멀고 먼 아시아에서 나는 물건이라는 사실. 원양 향신료 무역은 따라서 큰돈이 걸린 사업이었다.

* 향신료 중 최고급의 것으로 평가받는 정향은 요리, 제약 등 다양한 분야에 쓰임새를 가진다. 정향나무의 꽃을 말린 것으로, 못과 같은 모양을 하고 있어 이름에 '丁'이 들어갔으며, 영어의 'clove'의 어원도 못이다.

이즈음 유럽과 아시아를 잇는 장거리 무역은 포르투갈과 스페인이 장악하고 있었다. 적어도 콜럼버스Christopher Columbus를 전후한 시대에 바다의 패권은 그들의 것이었다. 15세기 말 아프리카를 돌아 인도에 이르는 원양항해에 나섰던 탐험가 바스코 다 가마Vasco da Gama는 포르투갈인이었고, 16세기 초 대서양 남쪽으로 나아가 남미 대륙의 아래쪽 끄트머리 바닷길을 지나 태평양과 인도양을 가로지르고, 아프리카를 거슬러 올라 다시 포르투갈로 돌아오는 지구 일주 항해에 성공한 마젤란Ferdinand Magellan은 포르투갈 태생의 스페인 항해사였다. 이 지구 일주 항해를 들여다보면 당시 향신료 무역의 위상을 짐작할 수 있다.

1519년 각종 향신료의 자생지인 일명 '스파이스 군도'—오늘날 인도네시아 동부 말루쿠 제도—를 향해 다섯 척의 배가 270명의 대원을 싣고 스페인 지브롤터 북쪽 산 루카 항구를 떠났다. 1522년, 출항 후 무려 3년 1개월이 지나 배 한 척에 열여덟 명만 살아남아 돌아왔다.* 남미의 끝, 오늘날 그의 이름을 딴 마젤란 해협에서 한 척이 폭풍우에 침몰하고, 한 척은 고행을 피해 함대에서 도망가고, 나중에

* '굶주림과 괴혈병과의 사투'라고 기록될 만큼 참혹했던 마젤란의 이 항해는, 하늘과 별을 모르는 바닷길은 곧 죽음의 길이라는 것을 생생하게 증언한다. 이렇듯 태평양을 알지 못했음에도 마젤란은 고난 끝에 항해를 성공시켰지만 그 자신은 원주민과의 전투에서 사망하여 고국으로 돌아가지 못했다.

필리핀에서 선원 부족으로 운행할 수 없게 되자 한 척은 불태워지고, 다른 한 척은 물이 새는 바람에 결국 못 쓰게 되었던 것이다. 그러나 최후에 남은 배에 싣고 온 정향을 판매하자, 놀랍게도 전체 항해 비용은 물론 항해 중 입은 모든 손해를 충당하고도 남을 정도의 수익을 올렸다.

엥겔스는 마젤란 이후의 유럽을 이렇게 말했다고 한다. '어느 한순간 세상이 커졌다. 유럽인의 눈앞에는 전 세계의 8분의 1이 아닌 완전한 하나의 세계가 펼쳐졌다. 이들은 나머지 8분의 7을 차지하기 위해 앞다퉈 세계로 뻗어나갔다.' 서양 제국주의 팽창의 서막은 이렇게 올랐다. 주류 역사에서 '상업혁명'이라 부르는 이 시대적 변화를 내용상 정확하게 말한다면 '지중해의 쇠퇴, 대서양의 부상'이라는 정치·경제적 전환이며 동시에 지리적 전환이라고 해야 한다.

지중해는 로마제국 이래 콜럼버스가 상징하는 15세기 지리상의 대발견 시대까지 1,500여 년에 이르는 긴 시간 동안, 유럽과 중동을 망라하는 부와 권력의 중심공간이었다. 이 같은 지중해의 역사적 위상은 16세기 이후 빠른 속도로 쇠퇴하였다. 이 거대한 전환은 15세기 중반 오스만 터키가 비잔틴 제국의 콘스탄티노플을 함락하고 중동지역을 평정한 이후, 육로로 이어지는 동서 교역로가 사실상 차단되면서 비롯되었다. 육로뿐 아니라 지중해 동부와 남부도 오스만의 바다가 되면서 지중해의 유럽적 위상은 쇠락하게 되었고, 유럽 무역의 중심공간은 이제 대서양으로 이동했다. 지중해 경제는 쇠퇴하고 대서양 경제가 떠오른 것이다.

풍부한 수요로 엄청난 이문—때로는 네 배에 이르는—이 남는 이 향신료 무역에 네덜란드가 도전장을 던졌다. 도전의 시작은 16세기에서 17세기까지 서유럽을 휩쓴 네덜란드 80년 독립전쟁과 30년 전쟁이었다.* 아울러 1588년 F. 드레이크Francis Drake가 지휘하는 영국 해군에 의해 스페인의 무적함대가 처참하게 패퇴한 대사건도 큰 배경이 되었다. 이 전쟁들이 벌어지면서 스페인의 위상과 권한은 약화되고 최종적으로는 물러나게 된다. 이 빈틈을 이용하여 네덜란드 상인들이 향신료 무역에 진입한 것이다. 그들은 또 그즈음 유럽 사회에 인기리에 확산되고 있던 커피에도 손을 대, 중동에서의 원두 수입은 물론 아예 인도네시아에 커피 농장을 운영하는 등 커피 무역의 대부 역할도 도맡았다.

네덜란드는 지중해에서 대서양으로 상거래의 중심 이동이 일어나면서 대서양과 유럽을 잇는 중개 위치에서 성장한 국가로, 본래 스페

* 네덜란드는 16세기 초 합스부르그 왕가의 지배하에 들어간다. 합스부르그 왕가가 이후 스페인의 국왕이 되자 스페인 영토가 된 네덜란드는 세기 중반부터 정치적 독립투쟁을 벌였다. 이 투쟁은, 유럽의 거의 모든 국가가 연루된 17세기 초반의 30년 전쟁으로 이어지고, 네덜란드는 1648년 30년 전쟁이 마무리되면서 비로소 독립하게 된다.

인 향신료 무역의 유럽 대리점 역할을 했던 탓에 이 무역에 대해 일찍이 잘 알고 있었다. 여기서 가장 큰 역할을 한 조직이 네덜란드가 17세기에 들어서자마자 영국을 본따 만든 '동인도 회사'다. 1621년에는 '서인도 회사'도 만들어 대서양 남쪽, 오늘날의 브라질 등지에서 포르투갈과 스페인이 가지고 있던 제국적 패권에 강력히 도전했다. 이런 배경에서 먼저 포르투갈이, 그다음엔 스페인의 패권이 서서히 저물어가고 네덜란드가 무대 중심으로 떠오르게 된다.

여기서 놓치지 말아야 할 것은 동인도 회사, 서인도 회사가 단순한 무역조직이 아니었다는 점이다. 이들은 상인이면서 동시에 탐험가이며 군인이었고, 나아가 정치가이자 외교관이었다. 해외시장을 넘은 영토의 개척은 단순한 상거래 행위 이상이었기에 가능했다. 이들의 최우선 과제는 안전한 무역로의 확보였고 안전한 무역로의 확보는 군사적인 힘은 물론 정치적인 힘도 요구하는 과제였다. 또한 모두를 위한 이 생명선은 항로, 즉 바닷길에 대한 정확한 지식을 필요로 했다. 이 지식은 하늘과 별에 대한 독해 능력을 의미했다.

1602년 네덜란드가 동인도 회사를 세우기 전, 설립자 중 한 사람인 페트뤼스 플란시우스Petrus Plancius는 이런 점을 누구보다 잘 인식했던 사업가로 가장 먼저 정확한 해양 지도 제작에 나섰다. 그는 천문학자를 고용하고 탐험선을 적도 남쪽의 바다로 띄웠다. 그리고 남반구의 밤하늘을 탐색하여, 방향을 확인하고 이정표 역할을 할 128개의 밝은 별 목록을 만들어, 그에 기초한 해양 지도와 천구를 만들었다. 그는 지도의 저작권을 독점하면서 엄청난 이익을 거두었다. 이전까지 해양 지도는 대체로 부정확했고, 또 빼앗길 경우 상대를 교란시키기 위해 의도적으로 잘못된 지도를 만들기도 했던 것이다. 네덜란드는 정보와 지식을 바탕으로 18세기 후반 영국에 의해 밀려날 때까지 장거리 향신료 무역의 최강자로 군림할 수 있었다. 역사에서 '네덜란드의 황금기'라 불리는 시기가 바로 이즈음이다.

플란시우스의 남반구 바다와 하늘의 지도는 특별히 가치를 지닐 수밖에 없었다. 그때까지 지구를 일주하는 항해가 아니라면 북반구에서 적도 이남의 바다로 내려갈 별다른 이유도 동기도 없었기에 북반구의 선원들은 남쪽 하늘에 어떤 별이 있는지, 무엇을 이정표로 삼을 것인지 전혀 알지 못했다. 이런 정황에서 남반구의 바다로 간다는 것은 나침반도 지도도 없이 길을 나서는 것과 마찬가지였다. 동서남북을 헤아릴 수 없기 때문이었다. 그러나 향신료 무역에서 남쪽 바닷길은 핵심이었다. 플란시우스는 남십자성, 에리다누스자리, 마젤란성운 등을 포함하여 상당히 정확한 남쪽 하늘의 별자리 지도를 만들었

페트뤼스 플란시우스

다. 그리하여 오스트레일리아*, 뉴질랜드뿐만 아니라 통가, 피지 같은 남태평양의 섬들도 최초로 발견하도록 길을 닦았다. 네덜란드 동인도 회사는 근대적 지도 제작과 함께 남쪽 하늘과 별에 관한 과학지식을 쌓은 최초의 집단이었다.

하늘의 과학과 제국주의

제국의 요원들에게 가장 중요한 물음은 무엇일까? '내가 어디에 있는가?'이다. 제국이 팽창을 의미한다면 '어디로 어떻게 갈 것인가?'가 제국에 본질적인 질문일 것이며 따라서 '나는 어디에 있는가?'야말로 가장 앞선 질문이 될 것이다. 차량용 내비게이터로 요긴하게 쓰이는 GPS(Global Positioning System)는 이 물음에 대한 현대 기술의 답이다. GPS 발명 이전에 자기 위치를 확인하는 가장 정확한 방법은 시계를 보고, 지도를 읽고, 하늘을 관측하는 매우 복잡한 작업이었다.

15세기의 콜럼버스 이래 대항해와 발견의 시대를 바탕으로 근대로

* 오스트레일리아라는 이름은 라틴어 단어 '미지의 남쪽 땅(terra australis incognita)'에서 나왔다. 이후 네덜란드 동인도 회사에서 오스트레일리아의 북부와 서부 해안을 탐험하여 '새로운 네덜란드(Nova Hollandia)'라고 이름 붙였으나, 19세기 초 영국 탐험가가 '남쪽 땅(Terra Australis)'으로 이름을 바꿨다.

접어들면서, 바다는 멀고 먼 팽창의 길로 나서는 가장 편리하고 효율적인 경로였다. 육로는 도적과 강도들, 나아가 크고 작은 전쟁까지 감내해야 하는 거칠고 힘든 도정이었다. 물론 항해라는 것이 영국의 문호 S. 존슨Samuel Johnson의 말처럼 '물에 빠져 죽을 위험까지 갖춘 감옥'일 수도 있었다. 정확한 시계와 해양 지도(해도), 천체관측 장비가 없다는 것은 내가 어디 있는지를 전혀 알 수 없다는 것, 따라서 어디로 가야 할지 모르는 상황을 말했다. 달과 별, 태양의 위치 등을 보면 방위는 대략 알 수 있지만, 거리와 자신의 현재 위치는 파악할 수 없었다. 여기에서 크로노미터chronometer라고 하는 해상시계, 해도와 망원경, 각종 관측 장치 등이 만들어지고 적극적으로 활용되기 시작했다.

1761년 영국에서 처음으로 만들어진 이 해상시계는 기왕의 해도와 망원경보다 훨씬 중요한 구실을 하는 정밀기계였다. 흔들리는 배, 습기, 온도 변화, 바닷물의 소금기, 지구상의 위치 이동에 따른 중력의 변화 등 여러 요소를 견디면서 정확한 운항 시간, 출발지점의 시간, 현재까지의 경과시간 등을 보여주는 시계였다. 해상시계를 통해 출발지점의 시간과 경과시간을 알고 배의 운항 속도를 숙지하고 남쪽과 북쪽 방향의 위도를 관측하면, 동쪽과 서쪽의 경도를 파악하여 현재 자신의 위치를 정확하게 계산해낼 수 있었다.

그전에도 위도는 상대적으로 쉽게 관측할 수 있었다. 북극성 같은

크로노미터

기준점을 잡아 수평선과 북극성과의 각도를 계산하면 되기 때문이다. 그러나 동과 서의 방향을 알려주는 경도는 기준점이 마땅치 않기에 경험과 관행, 직관에 의존해왔다. 해상시계가 이 문제를 해결해줌으로써 이제 뱃사람들은 해상시계를 보면서 자신의 정확한 현재 위치에 기초하여 향후의 항로와 일정을 가늠할 수 있게 되었다. 다시 말해 미래를 예측할 수 있게 된 것이다.

18세기 영국 정부가 오늘날 가치로 100만 달러에 이르는 거액의 상금을 걸고 해상시계 발명을 공모한 것도 이 때문이었다. 나중에 해적들이 배를 탈취하여 접수하고 가장 먼저 찾은 것도 금과 은이 아니라 해상시계와 지도였다고 한다. 망망대해에서 해상시계가 주는 정보는 무엇보다 귀중한 보물이었을 것이다.

스페인의 무적함대를 무찌른 이후, 영국은 지구적 범위의 제해권(Control of the Sea)을 장악해가기 시작했다. 이 과정에서 향신료 무역의 실권을 장악하고 있던 네덜란드와 영국의 충돌은 불가피했다. 17세기 중반부터 18세기 후반까지 150여 년에 걸치는 기간 동안 두 나라는 무려 네 차례의 전쟁을 치른다. 1652년부터 1674년까지 20여 년 동안에만 세 차례, 그리고 100여 년 뒤인 1780년부터 1784년까지 마지막 네 번째로.* 네덜란드는 17세기엔 상대적으로 유리한 위치를 차지했으나 점차 자원을 소진해갔다. 그리하여 세기가 바뀐

* 특히 세 번째 전쟁에서 영국과 네덜란드는 뉴암스테르담—오늘날 뉴욕—과 몰루카 제도를 교환한다. 네덜란드는 뉴욕을 영국에 할양하는 대신, 영국은 향신료 무역에서 네덜란드의 독점적 권리를 인정해준 것이다. 당시 향신료 무역의 위상을 보여주는 극적인 사례이다.

1784년, 네 번째 전쟁 이후 네덜란드 동인도 회사가 문을 닫고 대영제국이 명실상부한 세계 최강의 패권제국으로 올라서게 된다.

이렇게 된 데에는 근대과학 지식, 특히 땅과 하늘과 바다에 대한 정보 축적과 그것을 위한 자원 동원의 역량이 결정적이었다. 여기서 영국과 프랑스의 지식 대결 양상이 흥미롭다. 프랑스 철학자 데카르트 René Descartes는 지구가 참외 모양이라 생각했다. 반면 영국의 과학자 뉴턴Sir Isaac Newton은 지구가 호박 모양이라 생각했다. 참외 모양이란 남북극 사이의 거리가 적도보다 길다는 것이고, 호박 모양이란 남북극은 평평하고 적도는 불룩한 형태라는 것이다. 이는 프랑스와 영국의 과학 대결로 치달았다. 프랑스 정부는 1730년경 페루 안데스산맥 지역과 북극에 가까운 핀란드로 탐사대를 파견했다. 지구의 모양이 어떠한지 정확히 파악하기 위한 것이었다. 10년이 넘는 프랑스의 험난한 지구 관측 작업은 정작 영국 과학자 뉴턴의 관찰이 옳았음을 확인해주고 말았다.

이렇게 긴 시간과 자원을 동원할 만큼 지구의 모양과 크기를 파악하는 과제가 중요했던 이유는 무엇일까? 바다를 제대로 항해하려면 지구가 어떻게 생겼는지를 정확히 알아야 한다. 정확한 해도를 만들지 못하면 어느 바닷길을 어떻게 가야 하는지 정확하게 알 수 없다. 가는 길을 제대로 모른다면 심지어 지금 여기가 어디인지도 제대로 알 수 없다. 그것들을 모르는 제국이라면 통치 능력을 가졌다고 할 수 없다.

이렇게 과학은 정치의 영역으로까지 이어져 17, 18세기 바다와 하늘과 별과 땅의 지식은 제국이 확보해야 할 최고의 전략적 자산으로 간주되었다. 과학과 제국주의, 그리고 자본주의는 하나의 고리로 연결된 거대한 프로젝트였다.

별 읽기의 각축전

제임스 쿡James Cook은 18세기 영국의 해군제독이자 탐험가, 천문학자다. 그는 남태평양을 항해하여 오스트레일리아 위쪽의 대산호초와 동쪽의 뉴질랜드를 발견하고 해도에 올렸으며, 항해 도중 기착한 타히티 섬에서 '금성의 일면통과(transit of Venus)'를 관측하여 금성과 태양 사이의 거리를 그때까지 그 누구보다 정확하게 계산해냈다. 그리고 오스트레일리아 동부 해안을 탐험하고 그곳에 뉴사우스웨일스—오늘날 시드니를 중심으로 한 지역—라는 이름을 붙였으며, 남극권 최남단까지 항해와 관측을 이어갔다. 나중에 그는 이렇게 말했다. '나는 그 누구보다 먼 곳을 다녀왔다. 인간이 갈 수 있는 가장 먼 곳이었다. 꿈이 없었다면 나는 그 일을 해낼 수 없었을 것이다.'

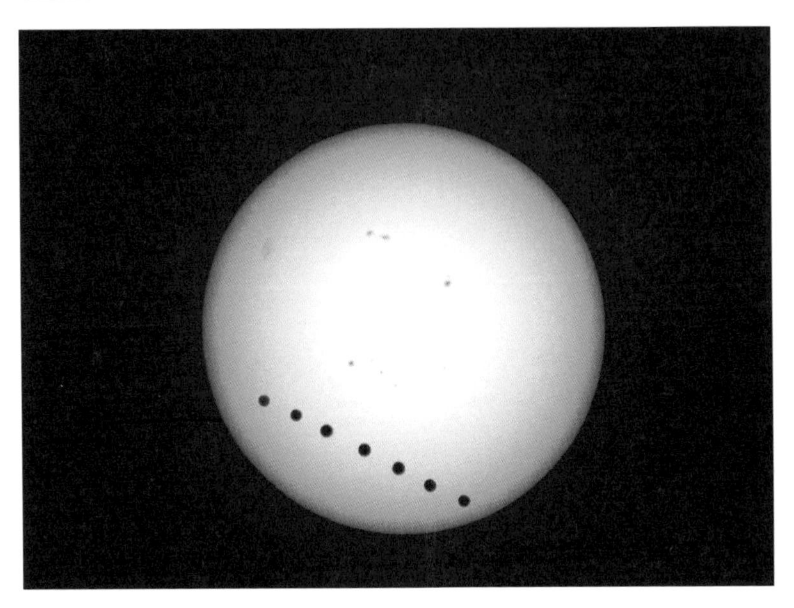

금성의 일면통과

1768년부터 1779년까지 모두 세 차례에 걸쳐 이루어진 쿡의 항해는 영국이 품은 과학적, 정치적 목적을 포괄하는 복합적인 의미의 탐험이었다. 타히티에 천문대를 세워 금성의 일면통과 현상을 관측하는 것, 남태평양과 주변 지역의 박물학적 관찰을 비롯한 과학적 탐구 외에 그에게 주어진 영국 정부의 비밀특명은 남쪽의 대륙을 찾고 탐험하고 물론 정복하라는 것이었다. 그가 말한 '꿈'은 바로 제국 영국의 꿈과 다름없었다. 첫 번째 항해에서 뉴질랜드를 발견한 쿡은 두 번째 항해에서 더 아래로 내려가 남극과 주변 지역을 둘러보았다. 세 번째 항해는 대서양과 태평양을 잇는 소위 '북서항로(Northwest Passage)'*를 찾으려는 것이었으나 빙산에 막혀 하와이 군도만 발견하는 것으로 마무리됐다. 이후 재기를 기약하며 하와이 군도에 머물던 중에 사소한 일로 하와이 부족 추장을 납치하려다 원주민들에 의해 살해당했다. 빼어난 군인이자 탐험가, 또 천문학자답지 않은 비참한 최후였다.

그의 탐험에서 금성의 일면통과라는 천문현상에 주목할 필요가 있다. 이는 금성이 지구와 태양 사이를 통과하면서 일면, 즉 태양면을 지나는 하나의 점으로 보이는 현상을 말한다.

이 현상을 이용하면 지구와 금성, 태양 사이의 거리를 잴 수 있다. 시차Parallax를 확인하고 삼각함수 공식을 이용해, 각 지점 간 거리를 계산할 수 있는 삼각측량법 때문이다. 앞서 지리학에서 설명했듯, 시차란 다음 그림처럼 관측자의 위치에 따라 별이 서로 다른 위치에

* 15세기 이래 탐험가나 유럽 각국 정부가 품고 있던 '북서항로'의 꿈은 아프리카 대륙을 돌지 않고 인도와 아시아로 가는 빠른 길을 찾으려는 노력이었다. 이 꿈의 이면에는 스페인과 포루투갈의 제해권을 제어하려는 영국이나 프랑스 정부의 전략도 담겨 있었다. 1802년 미국의 제퍼슨Thomas Jefferson 대통령이 북서부 지역 탐사를 지시한 것도 그 꿈의 일환이었다. 물론 그런 길은 없었다. 오늘날 대서양과 태평양을 연결하는 가장 빠른 길은 1914년 미국에 의해 최종 완공된 파나마 운하이다.

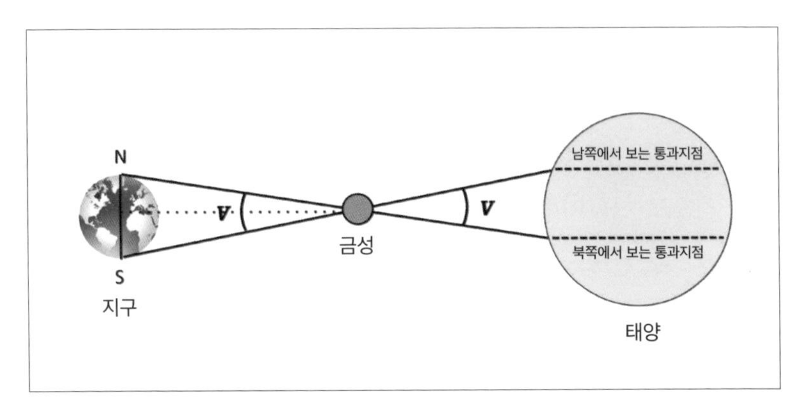

지구-금성-태양 거리계산

보이면서 발생하는 각도의 차이를 말한다.*

위 그림에서 N의 관측자와 S의 관측자에게 금성은 태양을 배경으로 다른 위치에 보이게 되고, N과 S 사이의 거리와 그림에 V로 표시된 각도를 대입하면 삼각함수 공식에 따라 지구와 금성의 거리를 계산할 수 있게 된다. 같은 방식으로 금성과 태양, 지구와 태양 사이의 거리도 산출해낼 수 있다.

이 관측과 계산 작업이 중요한 이유는 태양계의 구조를 이해하는

* https://www.quora.com/Who-was-the-first-person-to-measure-the-distance-between-the-earth-and-the-sun 이미지 하이퍼 링크는 실제 검색결과와 일치하지 않아, 현재 저작권 관련 사항 확인 불가능.

데 필수적이기 때문이다. 17세기 이래 지동설 패러다임이 확립되면서 근대 천문학이 당면한 핵심 과제 중 하나는 태양을 중심으로 한 우주, 즉 태양계의 전체적 구조를 파악하는 일이었다. 이를 위해 지구와 태양, 지구와 달 사이의 거리, 또 각 행성 간의 거리를 알아내야 했다. 거리 계산의 방법은 금성의 일면통과 현상을 기초로 한 삼각측량법이었다.* 그러자면 우선 준비된 천문학 연구자들이 적절한 수준의 관측장비를 가지고 적절한 관측장소로 이동해야만 했다. 다시 말해 금성의 일면통과 작업이 요구하는 과학기술력, 인력과 물자의 수송 능력은 지구적 범위에 달하는 예사롭지 않은 수준의 것이었다. 영국 정도의 나라가 감당할 수 있는 과제였고, 시기도 18세기에 들어서서야 비로소 가능했다.

이 관측과 계산 작업에서 쿡은 일정한 성과를 거두었다. 여기서 '일정한'이라는 수식어로 제한한 이유는 그의 측정이 정확한 것은 아니었기 때문이다. 금성이 태양으로 진입하면서, 태양 빛이 흩어지게 되어 금성의 둘레와 태양의 둘레가 서로 엉겨 붙는 듯한 현상이 일어나, 금성이 길게 늘어진 물방울처럼 보이는 일명 '검은 물방울 현

* 삼각측량법이 처음 적용되기 시작된 것은 훨씬 이전이었다. 기원전 3세기, 그리스의 철학자 히파르코스는 앞에서 살펴봤듯 별의 밝기를 정리했을 뿐 아니라, 최초로 삼각함수 표를 만들어 지구의 반지름, 지구에서 달까지의 거리 등을 계산한 것으로 알려져 있다.

상(black drop effect)'이 정확한 측정을 방해했던 것이다.

유럽의 주요 국가들은 금성의 일면통과 현상을 가장 먼저 관측하려고 치열하게 경쟁했다. 천문관측팀을 세계 각지로 파견하여 국제적 규모의 공동 천문관측을 진행하기도 했다. 막강한 해군력을 바탕으로 한 영국은 그때까지 수준으로는 가장 성공적인 관측을 이뤄냈다. 이러한 경쟁과 협력의 각축전은 물론 근대 과학혁명을 앞세워 세계를 지배하려는 것이 목적이었다.

19세기에 들어서면서 영국은 세계 곳곳에 천문대를 건설하기 시작한다. 영국 내에선 17세기 말 그리니치에 최초의 근대식 천문대가 세워졌다. 이후 제국의 팽창 프로젝트에 적극적으로 나서 오스트레일리아의 뉴사우스웨일스, 캐나다의 토론토, 아프리카의 희망봉, 인도의 마드라스* 등지에 천문대를 건설하였다. 이들을 통해 영국은 하늘과 땅과 바다의 지식과 정보를 축적할 수 있었고, 그 지식과 정보는 제국의 통치를 확장하고 공고하게 만드는 핵심 자산이 되었다. 한때 세계 전체의 4분의 1을 차지하는 인류 역사상 최대의 제국을 경영했던 것도 이것이 기초가 되었다. 밤하늘과 별을 과학적으로 정확

* 마드라스 천문대는 인도 대륙의 남쪽 끝에서 북쪽 히말라야에 이르는 거대한 토지측량 작업의 진행을 주관했다. 제국의 입장에서 땅의 측량은 세금 부과부터 자원 채굴에 이르기까지 식민지를 파악하고 착취하기 위해 수행해야 하는 기초 작업이었다. 여기에 참여한 인물 중 하나인 에베레스트George Everest의 이름은 오늘날까지 지상 최고봉의 이름으로 남아 있다.

하게 읽는 것이 모든 역사 변화의 출발점이었다.

16세기 이래 진행된 근대과학과 기술의 혁명이 서양의 역사적 승리—물론 장구한 역사 속에서 잠정적인 승리일지언정—에 이바지한 가장 큰 공로자라면, 그 혁명을 가능하게 한 공로는 천문학에도 돌아가야 할 것이다.

별의 물리학

저 별은 지금처럼 저 자리에서 언제까지나 빛나지는 않을 것이다.
오늘 우리가 보는 별자리가 수천, 수만 년 전의 별자리와 다르듯
앞으로 수천, 수만 년이 지난 별자리는 지금과 매우 다를 것이다.
우주에 영원한 것은 없다.

궁극의 질문

궁극의 질문은 무엇일까? '왜 이 우주엔 아무것도 없는 것이 아니라 무엇인가가 있는가?'이다. 그것은 영원히 답을 알 수 없는 물음에 속한다. 스티븐 호킹Stephen William Hawking은 이렇게 말했다. 우주가 왜 존재하는가라는 질문에 우리가 답할 수 있게 된다면 '그것은 인간 이성의 최종적인 승리가 될 것이다. 그때 비로소 인간은 신의 마음을 알게 될 것이기 때문이다.'

우리가 천문학이라 부르는 별의 물리학은 영원히 알 수 없는 '궁극의 왜'라는 질문에 대한 답을 찾기 위한 인간의 애처로운 노력이다. 자연과학이면서도 거의 철학이나 종교에 가까운 물음으로 도전하는 것이 천문학이다. 가장 낭만적인 자연과학이라고도 불리는 것이 천체

물리학이다. 왜 무엇인가가 있는가? 그 시작점은 어디일까? 질문들은 또 다른 질문을 끌고 나온다. 우리는 어디에서 왔는가? 이 질문은 또 다른 질문으로 이어진다. 우리는 어디로 가는가? 지금부터 전문가의 차원이 아닌 일반 상식의 차원에서 별에 대한 질문들을 하나하나 열어보자.

별은 왜 빛나는가

'반짝반짝 작은 별, 아름답게 빛나네, 동쪽 하늘에서도, 서쪽 하늘에서도. […]' 어린 시절 우리가 즐겨 부르던 동요이다. 한 번도 의심하지 않았지만, 이 노랫말처럼 별은 정말 반짝일까?

반짝인다는 말은 깜빡거린다는 뜻일 테다. 결론부터 말하면 별은 빛을 발할 뿐, 반짝이지는 않는다. 다만 그렇게 보일 뿐이다. 그렇게 보이는 가장 큰 이유는 우주 공간은 물론 지구 대기권에 떠돌아다니는 무수한 먼지들 때문이다. 먼지는 빛의 길을 가로막는다. 먼지니만큼 움직인다. 움직이는 먼지는 때로 빛의 길을 막거나 비틀어버린다. 말하자면 하늘의 모든 공간은 온갖 먼지들로 진하고 옅은 얼룩을 이루며 끊임없이 움직이는 일종의 커튼이다. 따라서 우주 공간을 통과하는 별빛의 진로는 불규칙하게 구부러지게 된다. 별이 반짝이는 듯 보이는 이유이다.

태양은 별이다. 그럼에도 우리는 태양을 별이라 생각하는 것에 익숙하지 않다. 태양이 빛난다고 하지 반짝인다고 말하지 않는다. 그러나 밤하늘을 수놓는 별들의 진짜 모습이 궁금하다면 태양을 연상하면 맞다. 반짝이는 게 아니라 태양처럼 항상 빛나는 별. 그래서 항성恒星, 영어로는 'star'이다. 또 항상 그 자리에 있다고 해서 항성이기도 하다. 나중에 자세히 보겠지만 '항상'이 과학적으로 정확한 표현은 아니다. 은하가 회전하기 때문이다. 또 별도 사람처럼 나고 죽기 때문이다. 다만 그 회전의 주기나 생애의 주기가 인간에게는 '영원'에 가까울 만큼 기나길 뿐이다.

그럼 별은 왜, 어떻게 빛을 내는가? 과학은 이렇게 설명한다. 별은 수소가스를 원료로 빛을 낸다. 연료인 수소가 타는 과정에서 뜨거운 온도로 인해, 양자 하나를 지닌 수소가 서로 융합하여 양자 둘을 지닌 헬륨이 된다. 여기서 '탄다'라는 표현은 이해를 돕기 위해 쓴 것일 뿐, 실제로는 타는 것이 아니라 핵융합(nuclear fusion) 반응이 진행되는 것이다. 수소에서 헬륨으로의 융합반응 과정에서 질량이 줄어들고—전문용어로 '질량결손'—줄어든 질량은 에너지로 전환되며, 전환된 에너지는 빛과 열의 형태로 나타난다. 저 유명한 아인슈타인의 '$E=MC^2$'가 바로 이것이다. 이 에너지가 얼마나 거대한지 태양과 마찬가지로 수십억 년 동안 별들은 빛을 내왔고, 앞으로도 수십억 년 동안 변함없이 빛을 낼 것이다.

그런데 어째서 수소인가? 수소는 양자 하나 전자 하나로 구성된 가장 단순한 물질이다. 태초의 물질이다.* 빅뱅Big bang—대략 138억 년 전에 일어난 것으로 추정되는 우주의 대폭발—의 첫 산물이라고도 할 수 있다. 태양은 매초 거의 4백만 톤의 수소 원소들을 태워 헬륨으로 바꾸면서 벌써 45억 년 넘게 빛을 발해왔다. 그 에너지의 위력은 초당 십억 개의 수소폭탄이 터지는 것과 같다. 인간이 감히 상상할 수 없는 수준으로 거대하다. 사그라지지 않는 영원한 불에 가깝다. 핵융합은 물리학자라면 누구나 꼭 이루어내고 싶어 하는 꿈과 같은 에너지 생산방식이다.** 밤하늘을 밝히는 별들은 이런 에너지로 밝게 빛난다. 이렇게 보면 밤하늘은 온통 불의 축제가 벌어지는 현장이다.

우리가 사는 행성과 태양계

별에 앞서 우리가 관심을 두어야 할 것이 행성行星이다. 우리가 지구라는 행성에서 사는 존재인 때문이다. 다음 그림은 우리에게 익숙한 태양계의 모습이다. 태양을 중심으로 그 주변을 맴도는 지구를 포함한 여덟 개의 천체, 이들을 행성, 영어로 'planet'이라고 한다. planet

* 물론 물질의 기원 그 자체는 아직 아무도 모른다. 가장 유력한 가설 중 하나는 초끈이론(superstring theory)인데, 상상할 수 없이 작은 끈 모양의 것이 진동하면서 물질이 만들어졌다는 설명이다.

** 핵발전소는 핵융합의 반대인 핵분열 과정에서 빚어지는 질량의 차이를 에너지로 활용하여 전기로 변환하는 설비다. 핵발전소는 이런 점에서 핵폭탄과 같다. 다만 잘 제어된 과정이라는 점에서 다르다.

태양계

은 그리스어 어원으로 보면 '방랑자', '떠돌이'라는 뜻이다. 항성이 변함없이 그곳에서 빛나는 별이라면 행성은 말 그대로 떠도는 별이다. 수성부터 해왕성까지 태양계의 행성들은 지구를 기준으로 안과 밖에서 서로 다른 속도로 태양의 주위를 공전한다. 그러다 보니 수성이나 금성은 어느 때는 동쪽에, 어느 때는 서쪽에 보이고, 다른 행성들은 또 앞서거니 뒤서거니 하면서 때로 뒤로 가는 듯한 모습도 보여준다. 이들이 방랑자라는 이름을 갖게 된 배경이다.*

* 일본에서는 '갈팡질팡하는 별'이라는 뜻에서 '혹성惑星'이라 부른다.

태양과 행성의 크기 비교

행성들은 일견 비슷해 보인다. 그러나 물리적 구성 차원에선 서로 매우 달라, 지구형 행성(암석행성)과 목성형 행성(가스행성)으로 나누는데 수성, 금성, 화성 등은 암석처럼 단단한 행성이지만 목성부터 해왕성은 가스로 구성된 행성들이다. 태양과 행성의 크기를 비교한 위 그림은 그들의 차이를 직설적으로 보여준다.* 그림 오른쪽 하단에 보일 듯 말 듯한 네 개의 작은 점 중 제일 왼쪽이 지구다. 나머지는 금성, 화성, 그리고 수성. 태양에 비하면 이들은 그저 한 점 티끌이다. 한편 태양 옆에 아이들 놀이 구슬처럼 보이는 파란 것들은 왼쪽부터 천

* Lsmpascal/CC BY-SA (https://creativecommons.org/licenses/by-sa/3.0)

왕성과 해왕성, 그 뒷줄은 목성과 토성이다.

이들은 모두 태양의 빛을 반사하기 때문에 마치 별처럼 빛나 보인다. 특히 목성은 여름의 행성답게 여름밤 동남쪽에서 남서쪽으로 천천히 움직이면서 다른 행성들이나 일등성보다 더더욱 밝고 아름다운 모습으로 도드라져 보인다.

행성과 위상은 다르지만 지구의 위성인 달도 마찬가지다. '달은 왜 빛날까?'에 대한 대답이, 태양 빛을 받기 때문이라는 것은 널리 알려진 편이다. 그렇다면 옛날 옛적, 그리스 사람들은 어떻게 답했을까? 그들은 여신 셀레네가 은빛 마차를 타고 밤하늘을 내달리기 때문이라고 답했다. 지금도 셀레네는 달을 가리키는 그리스 말이다.

달에 관한 질문을 한 가지 더 던져보자. 초승달부터 보름달, 그리고 그믐달, 월식까지 달은 왜 그 모습이 달라지는 것일까? 그것은 태양, 지구, 달이 평면에 일직선으로 자리 잡고 있지 않은 탓이다.

다음 그림에서 보듯 달은 수평에서 5도 정도 차이가 나는 기울어진 궤도를 따라 지구를 공전한다. 그로 인해 지구가 태양을 가리는 정도에 차이가 생길 수밖에 없어 달의 모양이 달라진다. 또한 그 때문에 태양-지구-달이 나란히 일직선을 이룰 때만 일식이나 월식 같은 현상이 일어난다.

그럼 태양은 왜 빛나는가에 대한 물음에 신화는 어떻게 답할까? 과학은 핵융합이라고 답했지만, 신화는 이렇게 답한다. 셀레네의 오빠인 헬리오스가 불의 전차를 타고 낮의 하늘을 달리는 것이라고. 그

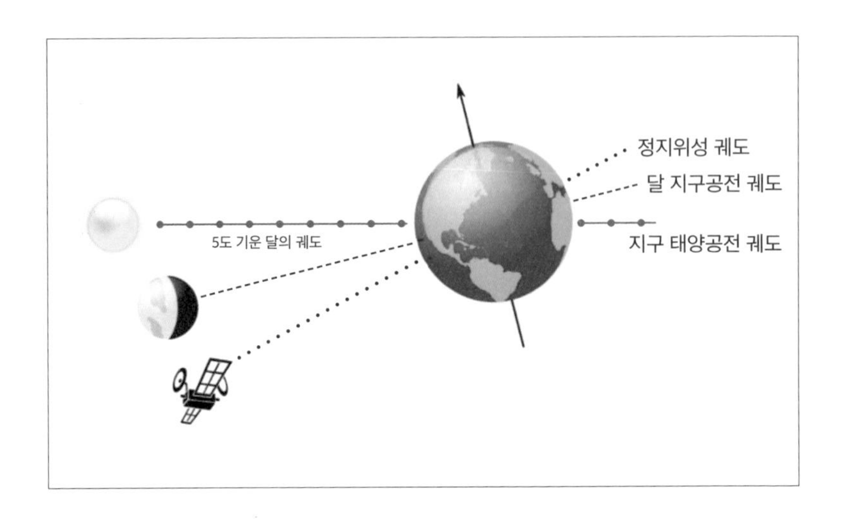

럼 둘은 남매인가? 그렇다. 부모는? 이것이 약간 흥미롭다. 아버지는 히페리온Hyperion, 어머니는 테이아Theia. 히페리온은 태양, 달, 별들의 운행원리를 깨우친 지혜의 티탄 신, 테이아는 '넓게 비추는(wide shining)'이라는 뜻을 가진 역시 티탄 신. 이런 인연이니 그들 사이에서, 빛나는 태양과 달이 만들어지는 건 우주의 섭리 같은 것이겠다. 테이아는 또 천문학에도 이름을 올렸다. 45억 년 전 테이아라 불리는 원시행성이 원시지구와 충돌했고 그 파편들이 뭉쳐진 것이 달이라는 설이, 달의 기원에 대한 여러 가지 설 가운데 하나이다. 하늘의 질서를 설명하는 과거의 상상력은 이처럼 흥미롭다. 비과학적이라고 구석으로 밀어내버릴 수 없다.

여기에서 궁금증 하나. 태양계와 외계 우주의 경계에는 무엇이 존

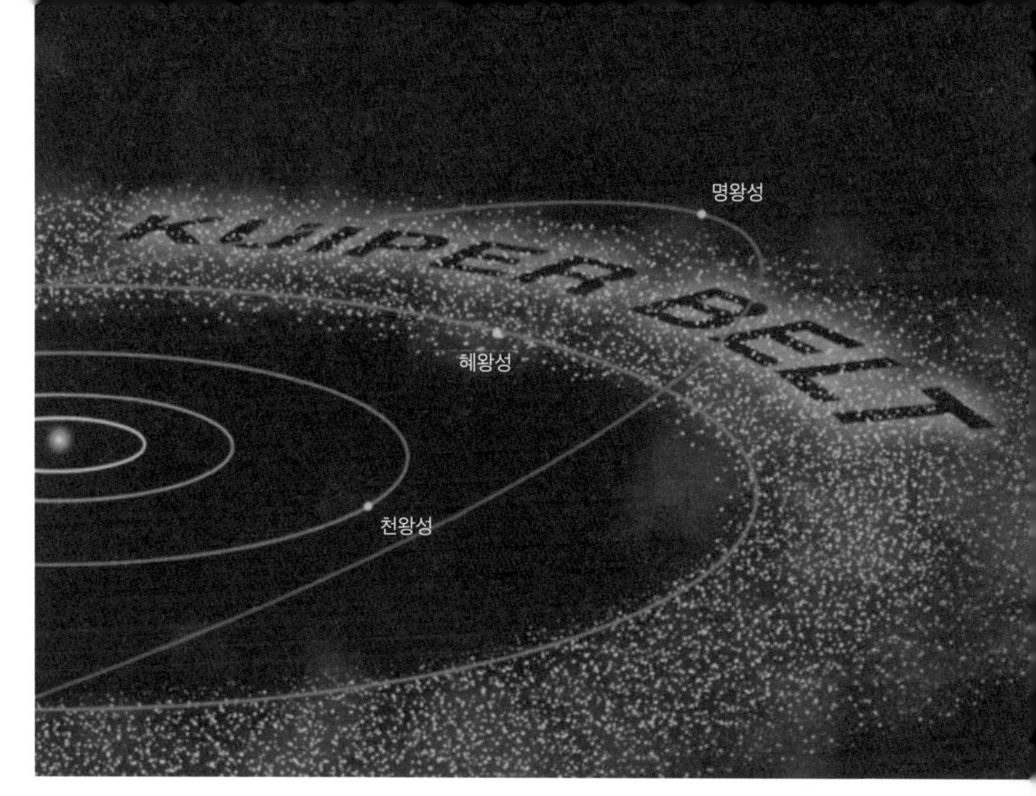

카이퍼 벨트

재할까? 달리 묻자면 태양계는 어디에서 어떻게 끝나며, 그 밖과는 또 어떻게 이어지는 것일까?

위 그림이 직관적으로 보여준다.* 태양계의 마지막 행성은 해왕성(Neptune)이다. 이전에는 명왕성(Pluto)까지 포함했었으나, 그것은 행성이 아니라 태양계와 외계 사이의 여러 소행성 중 하나로 판정되면서 빠졌다. 그 소행성들이 모여 있는 지역, 위 그림의 해왕성과 명

* 미연방항공우주국 https://solarsystem.nasa.gov/news/792/10-things-to-know-about-the-kuiper-belt/

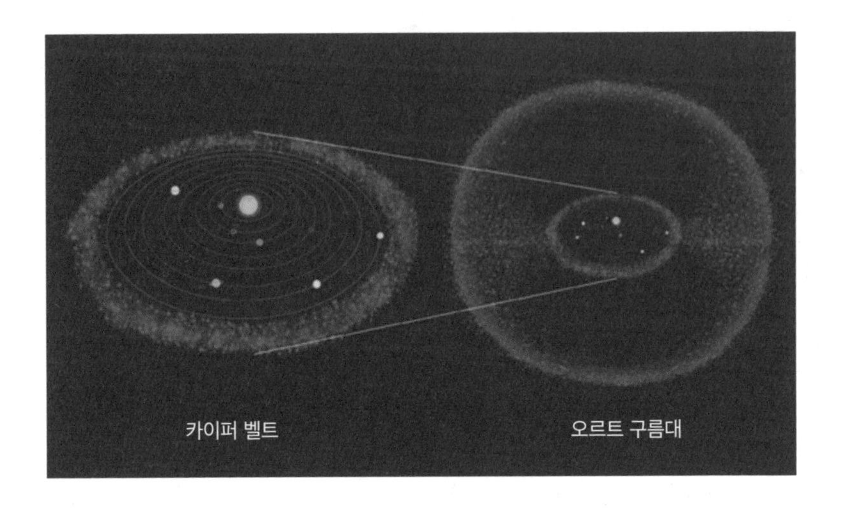

왕성 사이, 카이퍼 벨트Kuiper Belt라고 이름 붙은 그곳이 태양계와 외계의 첫 번째 경계지역이다. 그 밖으로 그것보다 훨씬 더 큰 오르트 Oort 구름대라 불리는 두 번째 경계지역이 있다.

위 그림 왼쪽은 카이퍼 벨트와 태양계, 그리고 오른쪽은 그들을 감싸 안고 있는 오르트 구름대를 보여준다.* 카이퍼 벨트, 오르트 구름대 등의 명칭은 그에 대한 연구가설을 세웠거나 실제 발견한 천문학자의 이름을 딴 것이다. 오르트 구름대는 둥근 도넛 모양의 카이퍼 벨트 밖, 훨씬 더 먼 곳에서 마치 원구 모양의 돔처럼 태양계 전체를 감싸 안고 있는 형상이다. 정리하면 가장 밖에 오르트 구름대가 있

* 유럽우주국 http://www.esa.int/ESA_Multimedia/Images/2014/12/Kuiper_Belt_and_Oort_Cloud_in_context

고, 그 먼 안쪽에 카이퍼 벨트가 태양계와 외계의 두 번째 경계를 만들고, 그 경계 바로 안쪽으로 해왕성부터 태양에 이르는 천체들이 차례로 자리 잡고 있다.

그렇다면 이들의 크기나 거리는 얼마나 될까? 카이퍼 벨트는 지구에서 대략 45억 킬로미터에서 70억 킬로미터까지 넓은 지역으로 추산되고 있으며, 오르트 구름대는 위 그림이 보여주듯, 그보다 훨씬 먼 3광년 정도의 거리에 이르는 곳까지 퍼져 있다. 상상 불가의 거리다. 그럼 카이퍼 벨트나 오르트 구름대에는 무엇이 있을까? 우리 귀에 익숙한 핼리 혜성을 포함한 온갖 종류의 혜성, 얼음덩어리, 운석, 그리고 소행성이 있는 것으로 관측되고 있다.

지구와 생명체

다른 무엇보다 태양계라는 우주의 존재를 돋보이게 하는 것은 생명체를 안고 살아가는 지구라는 행성이다. 인간과 같은 고등한 사고능력을 가진 존재부터 요즘 유행하는 코로나 같은 바이러스까지, 무수히 많은 종류의 동식물이 태양계 내의 한 행성, 지구에서 살고 있다.

많은 이들이 한 번쯤 던져봤을 질문 중 하나. 태양이 있고 덕분에 생명체가 존재하는 지구가 있는, 즉 태양계 같은 곳은 우리가 있는 이곳이 유일할까? 답은 '그렇지 않다'이다. 우주 공간에 배치한 망원경을 비롯한 천문 관측장비와 자료 분석 컴퓨터, 그리고 천문학 연구와 이론들이 빠르고 정교하게 발전하면서 1990년대 중반, 태양계 밖에 존재하는 또 다른 태양계와 행성이 역사상 처음으로 발견되었다. 이후 2019년까지 4천 개가 넘는 행성이 발견됐다. 우리 태양계 이외에도 무수히 많은 태양계가 존재한다는 것이다.

물, 빛, 그리고 유기물질, 이 세 가지가 생명체가 탄생하고 성장할 수 있는 기본조건이라면, 그러한 조건을 갖춘 또 다른 태양계와 행성(들)이 충분히 존재할 수 있음을 천문학은 보여주고 있다. 이 때문에 인간은 외롭지 않으며 생명체는 지구 밖에도 얼마든지 존재할 수 있다는 것이 천문학자들의 생각이다. 최근 금성을 둘러싸고 있는 구름대에 생명체가 존재한다는 연구 결과가 발표되었다. 물론 극히 원시적인 형태의 것이지만, 어쨌든 구름에 포함된 수분, 유기물, 그리고 태양이 만들어낸 존재이다. 아직 확인되지 않았다 해도, 다른 천체에 또 다른 생명체가 존재할 가능성은 그 상상만으로 흥미진진한 일이 아닐 수 없다.

이런 차원에서 2019년 노벨상 위원회는 최초로 외계행성을 발견한 학자들에게 노벨 물리학상을 수여했다. 위원회는 선정 이유로 '외계행성 발견은 천문학 혁명의 시작이었으며, 이후 지금까지 우리 은하계에서만 4천 개가 넘는 외계행성이 발견됐고, 믿을 수 없을 만큼 다양한 크기와 구성, 궤도를 가진 행성들은 지금도 발견되고 있다'라고 설명했다.

태양과 다른 큰 별들

다시 우리의 태양 이야기로 돌아와서 다른 별과 비교할 때, 태양은 얼마나 큰 별일까? 위 그림이 직관적으로 보여준다.*

이 그림에 나온 별 중 가장 큰 것은 전갈자리의 안타레스, 다음은 왼쪽 오리온자리의 베텔기우스. 아래쪽엔 그보다 훨씬 작은 황소자리의 알데바란과 하얗게 표시된 오리온자리의 리겔. 그 옆은 작아지는 순서대로 목자자리의 아크투루스, 쌍둥이자리의 폴룩스, 큰개자

---

* rainfall/CC BY-SA (https://creativecommons.org/licenses/by-sa/4.0)

리의 시리우스. 그리고 마지막 태양은 보일락말락 한 점 하나이다. 하늘엔 당연히 안타레스보다 훨씬 큰 별들이 무수하다. 지금까지 발견된 것 중 제일 큰 것은 방패자리의 알파별 스쿠티Scuti로,* 지름이 태양보다 무려 1,700배 정도인 초대거성이다.

초대형의 별들에 비하면 미미해 보이지만, 은하수 전체의 별들과 비교해보면 태양은 중간 크기에 속한다. 지구 생명체의 입장에서 그것은 너무나 다행스러운 일이다. 모든 지구의 생명은 태양 덕분에 살아간다. 그가 보내주는 열기와 빛은 생명 유지에 필요한 모든 에너지의 시작이다. 그보다 더 커서 더 뜨거웠다면 지구는 금성 비슷한 모양의, 생물체의 생존이 불가능한 암석행성으로 떨어지고 말았을 것이다. 인간과 자연, 지구, 그리고 우주에 어떤 섭리 같은 것이 작동하는 것이 아닐까 생각해보게 된다.

별의 일생

다시 빛나는 별 이야기로 돌아가자. 우리가 별을 볼 수 있는 것은 별들이 내리쏟는 빛 때문이다. 앞에서 핵융합이 별빛의 근원이라고 말했다. 그럼 그 빛은 언제부터 빛나기 시작한 것일까, 달리 말하면 얼

* 스쿠티의 공식 명칭은 'UY 스쿠티'. 여기서 'UY'는 변광성, 즉 밝기가 계속 바뀌는 별을 지칭한다.

마큼의 시간을 지나온 것일까? 더 쉽게 물으면 그 별에 불이 언제 켜진 것일까? 멀고 먼 하늘의 거리를 재기 위해 우리가 사용하는 단위 중 하나는 광년이다. 1초에 30만 킬로미터를 비행하는 빛이 1년 걸려 닿는 곳이 1광년이다. 대략 9.5×10^{12}=9조 5천억 킬로미터, 역시 상상 불가능의 거리다.

태양을 제외하고 지구에 가장 가까운 별은 얼마만큼의 거리에 있을까? 약 4.3광년 떨어진 켄타우루스 별자리다. 그러나 앞에서 설명했듯 이 별은 남십자성 부근의 별자리로 북반구에서는 일부만 볼 수 있다. 북반구에서 육안으로 볼 수 있는 별 중 가장 먼 것은 잘 알려진 카시오페이아 별자리로 4천 광년 정도. 한편 우주 공간에 설치된 허블 망원경은 우리의 은하수 밖, 심지어 1억 광년의 먼 빛까지도 관측한 바 있다. 다른 말로 하면 1억 년 전에 출발한 빛을 망원경을 통해 오늘 우리가 본다는 것이다. 우리는 이 숫자들을 읽을 수는 있다. 다만 실감할 수 없다. 비교할 수 있는 대상이 없기 때문이다. 상상을 초월하는 거대한 숫자들이다. 그런데 하늘의 별은 상상 그 이상의 존재들이다.

별들은 언제 처음 만들어졌을까? 여러 주장이 있지만, 대략 빅뱅 이후 4억 년 정도 지난 시점이라는 것이 통설이다. 이후 10억 년 정도 지나서 은하수들이 생기기 시작했다는 것이 학자들의 추정이다. 별이 생성되고 또 별 무리들의 집결지인 은하수가 만들어지는 데 그만큼 오랜 시간이 걸린다는 뜻이다. 두 번째 질문. 그럼 별들은 어디

창조의 기둥

에서 만들어지는 것일까?

위에 보이는 것은 널리 알려진 유명한 '창조의 기둥(Pillars of creation)'이라는 제목의 사진이다.* 1995년 허블 망원경이 찍은 것

* https://www.nasa.gov/image-feature/the-pillars-of-creation/

으로 마치 코끼리의 코처럼 보이는 기둥은 가스와 먼지로 가득 차 있고, 그곳에서 지금 새로운 별들이 만들어지는 중이다. 기둥 주변에서 무엇인가가 반사되는 것처럼 보이는 것은 가스와 먼지가 달궈지는 과정에서 수소 원자가 공중으로 뿜어져 나오는 모습이다.

이 창조의 기둥은 '독수리성운(Eagle nebula)' 안에 존재하는데, 그 성운은 여름의 삼각형을 구성하는 독수리자리와 그 옆 뱀주인자리 사이의 중간쯤에 자리하고 있다. 지구에서 대략 7천 광년 떨어진 곳이다.

기둥의 크기로 말하면 제일 왼쪽 기둥의 꼭대기 부분, 손가락처럼 보이는 영역만 하더라도 우리 태양계보다 더 크다. 처음 질문을 환기해보자. 별은 어떻게 생기는 것일까? 과학의 설명은 이렇다. 가스와 먼지가 중력의 힘으로 뭉치고 모여 점점 더 강하게 응축되면서 공과 같은 모양으로 커지고, 거기서 발생하는 에너지가 수소 원소를 태우기 시작한다. 쉽게 말해, 손을 비빌 때 손바닥이 뜨거워지는 것 같은 에너지 현상이라고 과학자들은 설명한다. 여기서 가스란 수소와 헬륨을 지칭하며, 먼지는 가스보다 무거운 탄소, 산소, 철 등의 원소들을 말한다. 이들 속에서 수소의 핵융합 반응이 시작되는 것이다. 별의 일생은 이렇게 시작되어, 수십만 년에서 수십억 년에 이르는 삶으로 이어진다. 독수리성운 말고도 저 멀고 먼 은하 곳곳의 성운들 속에서 이런 물리현상이 진행되고 있다. 그 안에서 새로운 별들이 계속 태어난다. 우리에게 가장 친근한 별인 태양도 이런 환경에서 만들어진 것이다.

과학자들은 이 창조의 기둥이 붕괴하여 없어졌으리라고 추측하고 있다. 이 사진을 촬영한 이후 1997년의 관측기록에 거대한 먼지구름이 기둥 주변에 보였는데, 이는 초신성(Supernova)의 대폭발*이 일어나 그 여파로 창조의 기둥 전체가 흔들린 것이라고 추정하고 있다. 그 초신성은 지금부터 6천여 년 전에 일어난 사건으로 파악되는바 지금 우리가 이 기둥을 볼 수 있는 이유는 그 빛이 지구에 도달하는 데 7천 년이 걸리기 때문이다. 이 관측과 계산이 정확하다면, 앞으로 1천 년 정도 지난 뒤 우리는 이 기둥을 볼 수 없게 된다. 쉽게 와 닿지 않는 이상한 소리로 들릴지 모른다. 이미 없어졌으나, 없음을 확인하는 데 7천 년이 걸리기에 아직도 존재하는 것으로 볼 수 있다는 것. 하늘에 보이는 빛은 시간을 품고 있는 역사인 것이다.

두 번째 질문. 연료인 수소를 다 태운 별은 어떻게 될까? 복잡한 설명을 단순화하면, 별의 일생의 궤적은 다음 그림이 보여주듯 두 가지로 나눠볼 수 있다.** 먼저 상대적으로 작은 별의 경우를 살펴보면, 그림 아래쪽의 과정처럼 천천히 팽창과 수축을 반복하다 결국 작아지게 된다. 그래서 최종단계의 이름은 중심부만 간신히 남아 쪼

---

* 초신성은 수명이 다한 별이 마지막 단계에서 보이는 폭발현상을 지칭하는데, 때로 수천억 개의 태양이 한꺼번에 빛나는 밝기를 보여줄 정도의 대폭발이다.

** 그림에서 '성장'이라고 표시한 부분은 별의 일생 중 가장 활동이 왕성한 시기를 지칭한다. 영어로는 'main sequence', 우리말로는 '주계열'로 번역. 여기서는 이해하기 쉽도록 '성장'이라고 표기했다.

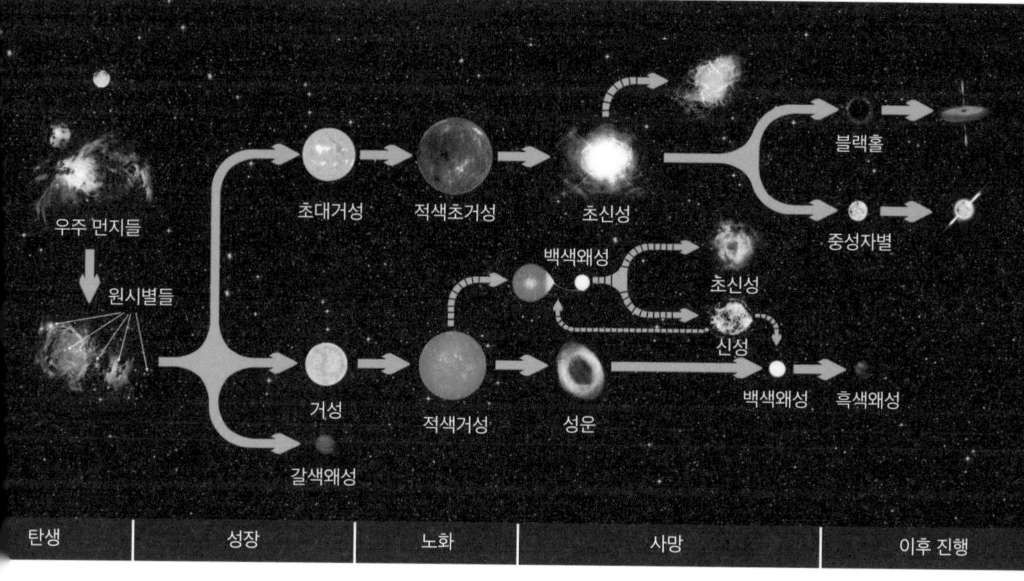

별의 일생

그라든 왜성이다. 태양같이 작은 별은 대략 이렇게 일생을 마무리한다. 다음으로 그림 위쪽의 과정은 태양의 여덟 배 이상의 질량을 가진 거대한 크기의 별—초거성(Supergiant)이라 불리고 지금까지 발견된 것 중 가장 큰 것은 앞에서 말한 스쿠티—의 경우를 보여주는데 이런 별은 초신성의 대폭발을 겪고, 이후 블랙홀로 또는 중성자

별로 삶을 마감한다.

수명을 다하게 되면 가스와 먼지뿐이었던 별들은, 마치 수소가 헬륨으로, 또 헬륨이 탄소로 이어지듯, 더 무겁고 복잡한 구조를 가진 원소가 만들어지고 저장되는 창고로 변한다. 이 별들은 초신성의 대폭발이나 왜성으로 수축하면서 최종적으로 자신이 품고 있던 온갖 원소를 넓고 넓게 우주로 흩뿌린다. 오늘날 우리 주변에 존재하는 모든 것들, 사람은 물론 자연의 존재들은 이처럼 거대한 별들이 폭발하거나 수축하면서 우주로 흩어진 무수한 원소들이 뭉치고 흩어지면서 시작되었다. 인간의 시원적 고향은 하늘의 별이다. 우리는 별의 후손이고, 우리의 몸속에는 길고도 먼 우주의 시간과 물질들이 아로새겨져 있는 것이다.

이렇듯 별도 인간처럼 태어나고 죽는다. 태양도 향후 수십억 년이 지나면 죽을 것이고 학자들은 백색왜성으로 그 생을 마감하리라 예측한다. 우리의 인지 범위 밖에 있는 영원에 가까운 시간을 지금 우리가 걱정할 필요는 없다. 중요한 것은 우주에 존재하는 모든 것의 행로가 그러함을 이해하는 것이다. 이는 또 지금의 항성들이, 지금처럼 그 자리에서 언제까지나 빛나지는 않으리라는 것을 의미한다. 오늘 우리가 보는 별자리가 수천, 수만 년 전의 별자리와 다르듯 앞으로 수천, 수만 년이 지난 별자리는 지금과 매우 다를 것이다. 우주에 영원한 것은 없다. 영원한 것은 없다는 사실만이 오직 영원하다는 말을 떠올려본다.

아리스토텔레스의 우주관

하늘의 모양에 대한 생각

이처럼 무수한 별들로 가득한 우주는 어떤 모양을 가지고 있을까? 앞선 은하수 얘기에서 보았듯 우리는 과학이 설명하는 우주의 모습을 대략 알고 있다. 그럼 고대인들은 어떻게 생각했을까?

위 그림은 기원전 4세기 그리스의 대학자인 아리스토텔레스

Aristoteles가 생각한 하늘의 모습, 즉 우주의 모습이다. 흔히 지구중심설, 또는 천동설이라고 부르는 생각을 도형화한 것이다. 한가운데 지구가 있고 주변에 차례로 달, 수성, 금성, 태양, 화성, 목성, 토성까지. 그 너머의 많은 별은 천구에 붙박이로 고정돼 있다.

오늘날 우리가 알고 있는 태양중심설, 즉 지동설의 세계와 달라도 너무 다르다. 그런데 그때부터 이미 아리스토텔레스의 우주관은 비판받기 시작했다. 실제의 관측과 많이 달랐기 때문이다. 만약 우주가 이렇게 고정된 것이라면 달의 크기, 또 행성들과 먼 붙박이별의 밝기가 달라지지 않아야 하는데 실상은 그렇지 않았던 것이다. 또 행성들의 움직임도 매우 불규칙하게 보였다. 여기에 기원전 3세기경, 알렉산더 대왕의 동방정복 이후 지중해 연안의 여러 나라로 쏟아져 들어온 바빌로니아의 천문 자료들은 아리스토텔레스의 설명과 아주 다른 이야기를 하고 있었다.

천동설의 틀은 그대로 유지하면서 아리스토텔레스적 우주관의 세부적 오류수정 작업에 가장 크게 기여한 인물은 2세기 로마제국 시대의 천문학자 프톨레마이오스이다. 그가 역점을 둔 것 중 하나는 행성의 움직임, 전문용어로는 행성의 역행 현상이라고 부르는 것이었는데 한 행성이 다른 행성들의 이동 방향과 반대로 이동하는 것처럼 보이는 것을 말한다. 앞서 언급했듯, 태양계의 각 행성은 서로 다른 공전주기를 갖고 있다. 지구에서 보면 속도의 차이 때문에, 예를 들어 화성이 서쪽으로의 이동을 멈추고 반대 방향인 동쪽으로 거꾸로

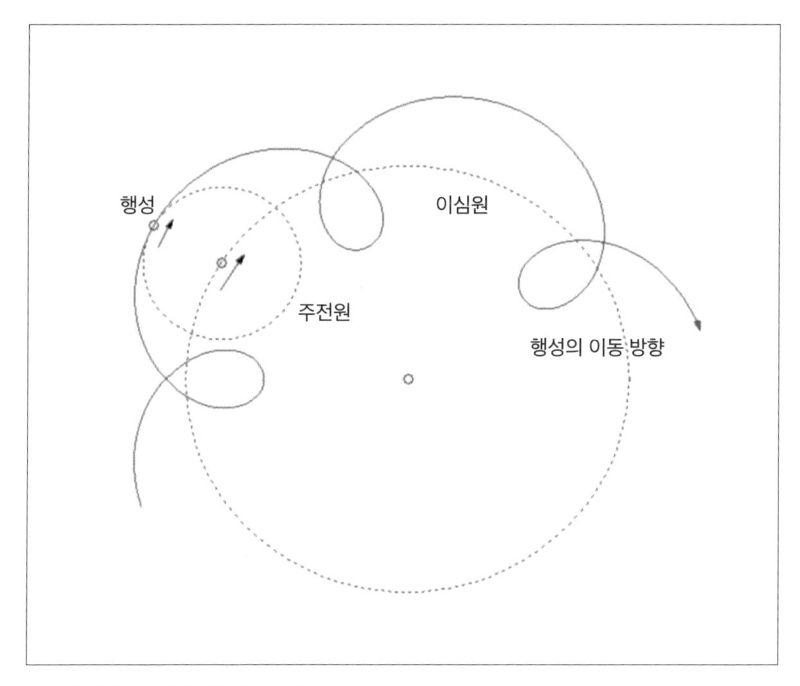

프톨레마이오스의 행성 이동 모델

이동하는 것처럼 보이는 시기가 있다. 이처럼 순방향으로 움직이지 않고 떠도는 듯 보이기에 앞서 이야기했듯 고대인들이 '떠도는 별'이라는 뜻의 'planet'이라는 이름을 붙인 것이다.

프톨레마이오스는 이런 관측상의 모순을 해결하기 위해 다양한 개념들을 만들어냈다. 위 그림이 그의 설명을 보여준다.* 각 행성은

* https://commons.wikimedia.org/wiki/File:Epicycle_et_deferent.png

그림에 보이는 작은 궤도인 주전원周轉圓(Epicycle)을 따라 회전하면서 이동하는데, 그러면서 동시에 큰 원인 이심원離心圓(Deferent)의 궤도를 그리며 지구를 공전한다는 것이다. 곧 역행 현상은 고정된 지구를 공전하는 각 행성의 주전원 움직임 때문에 나타난다는 것이다. 각 행성의 불규칙한 움직임을 설명하자니 주전원이 너무 많아지고 천체의 움직임이 매우 복잡해진다는 문제가 있었음에도, 지구가 우주의 중심이고 모든 천체는 지구를 중심으로 돈다는 천동설, 그리고 그것을 설명하는 체계로서의 프톨레마이오스적 우주관은 16세기 갈릴레이가 등장하기까지 1,500년 이상 굳건하게 유지되었다.

16세기는 근대과학과 기술의 혁명이 시작되는 지점이다. 혁명의 주인공은 갈릴레이와 그를 전후로 한 코페르니쿠스Nicolaus Copernicus, 브라헤, 케플러Johannes Kepler 등 당대의 기라성 같은 천문학자들이다. 우주관의 혁명적 전환을 가져온 이들의 연구와 관측은 17세기 후반, 뉴턴에 의해 완성되었다. 천동설에서 지동설로 바뀐 이 우주관의 거대한 변화를 '코페르니쿠스적 전환'이라 칭한 철학자 칸트Immanuel Kant는 전환의 사상적 의미에 대해 이렇게 말했다. '지구는 이제 우주의 중심이라는 특권을 포기해야 했다. 인간은 전례 없는 위기에 직면하게 되었다. 낙원으로의 귀환, 종교에 대한 확신, 죄의 용서, 이런 것들은 이제 어떻게 되는가? 새로운 전환을 받아들인다는 것은 사상 유례없는 사고의 자유와 감성의 위대함을 일깨워야 하는 일이다.'

갈릴레이의 저 유명한 종교재판은 이러한 배경에서 진행되었다. 기독교의 입장에서는 땅과 인간이라는 존재가 태양을 맴도는 변방의 것으로 추락해버리는 것에 민감할 수밖에 없었다. 신이 자신의 형상을 본떠 만든 인간과 스스로 창조한 땅을 우주의 중심이 아니라 미미한 주변에 배치했겠는가라는 질문에 온갖 변명을 늘어놓을 수밖에 없게 된 탓이었다. 1616년 재판이 시작되고 갈릴레이는 종신 가택연금에 처했다. 베네치아 부근의 집에서 1642년 사망하기까지 25년이 넘도록 그는 사실상 수감자 신세였다. 그리고 그가 사망한 바로 그 해, 인류사에서 가장 위대한 천재 과학자 뉴턴이 태어난다. 이제 세계는 돌이킬 수 없는 큰 발걸음으로 근대라는 새로운 길로 나아가게 되었다.

신비의 검은 구멍

거대한 공간과 오랜 시간을 지닌 우주는 그때나 지금이나 여전히 수수께끼다. 첨단과학과 기술의 시대인 지금도 감히 다가갈 수 없는 공간과 시간의 크기 앞에서 인간은 티끌에 불과하다.

우주가 알 수 없는 신비의 수수께끼임을 보여주는 가장 극적인 현상은 블랙홀이다. 2019년 그동안 상상으로만 존재했던 블랙홀의 실제 모습이 최초로 촬영되었다. 남극과 칠레, 미국 애리조나와 하와이, 멕시코와 스페인의 전파 망원경을 연결하여 2년여의 관측과 촬

2019년 최초로 촬영된 블랙홀

영자료를 종합하여, 블랙홀의 이미지를 최종 완성한 것이었다.*

검게 보이는 천체를 뜻하는 블랙홀은, '사건의 지평선(event horizon)'**이라 불리는 블랙홀 주위의 경계선 안으로 낙하한 것이라면 심지어 빛조차도 빠져나올 수 없을 정도로 강력한 중력장을 지닌 우주의 신비다. 이미 뉴턴의 이론에 기초하여 상상 이상의 중력을 가진 천체가 있으리라는 추정은 18세기부터 제시된 바 있다. 그러나 본격적인 논의는 1915년 아인슈타인의 일반 상대성 이론 연구 이후

---

* Event Horizon Telescope/CC BY (https://creativecommons.org/licenses/by/4.0)

** '사건의 지평선'은 그 안에서 어떤 사건이 일어나든 바깥쪽에 있는 관측자에게 아무런 영향을 미치지 못하는 시공간의 경계를 말한다.

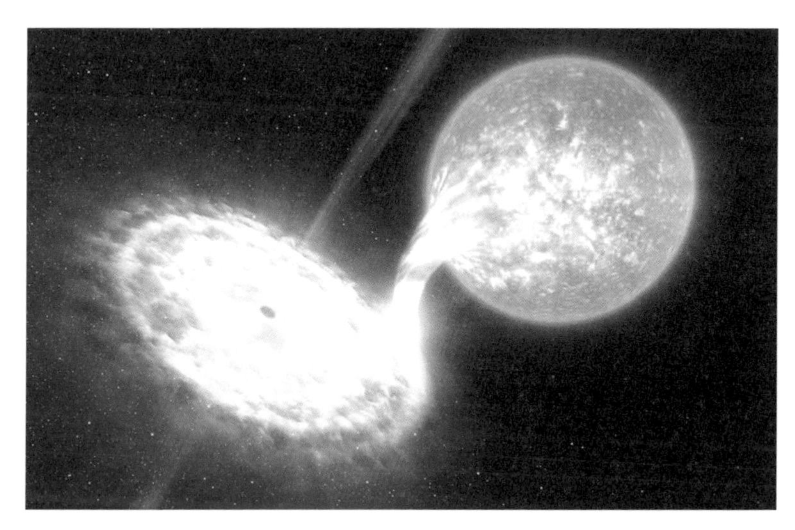

응축원반 가상도

의 일이다. 즉 질량을 가진 물체는 중력의 힘으로 인해 주변의 시공간을휘게 만들고 빛도 직진하는 것이 아니라 휘어진 형태로 진행한다는 일반 상대성 이론을 극단적으로 연장한 것이 블랙홀이라는 존재다. 심지어 아인슈타인 본인도 믿으려 하지 않았던 블랙홀은 관련 이론이 등장한 지 거의 1백 년 만에 현실로 입증되었다.

한편 블랙홀 자체는 아니지만, 그것의 존재를 입증하는 자료나 증거들은 1960년대 후반 이래 꾸준히 축적되어왔다. 첫 번째 강력한 증거는 백조자리의 이중성(double star)에서 찾아냈다. 위 그림처럼 이중성 중 한쪽의 물질이 블랙홀인 다른 별로 빨려 들어가는 현상과 그 과정의 에너지가 강력한 X선 형태로 방출되는 모습을 확인한 것이다. 가상도에 보이는 응축원반(accretion disk)이란 별 주변에 가스와 먼지로 이루어진 원반을 말한다.*

18세기의 천문학자들은 강력한 중력을 가진 가상의 천체를 '암흑성(dark star)'이라고 불렀다. 블랙홀이라는 존재의 시조이다. 블랙홀이라는 이름은 1960년대부터 널리 쓰이기 시작했다. 그것은 결국 중력의 산물이다. 그럼 블랙홀은 무슨 역할을 하는 것일까? 지금까지 나온 논의를 종합하면 블랙홀의 역할은 우주의 생성과 진화의 핵심 촉매제라는 것이다. 중력의 힘으로 주변의 온갖 물질들을 빨아들이고 다시 제트류 같은 바람으로 이들을 뿜어내면서 끊임없이 별이 생성되는 원료를 제공함으로써 별의 생성과 은하수의 형성, 곧 우주의 생성과 진화에 결정적 역할을 수행한다는 것이다.

모든 것의 시작, 그리고 끝

이 모든 우주는 어디에서 어떻게 시작된 것일까? 여기서 빅뱅 이론이 등장한다. 잘 알려져 있다시피 우주의 시작점인 빅뱅은 약 138억 년 전쯤의 거대 사건이다. 다음 그림은 빅뱅이라는 우주의 시작과 이후 최초의 별, 행성, 은하수 등의 등장, 그리고 이어지는 길고 긴 우

* ESO/L. Calçada/CC BY (https://creativecommons.org/licenses/by/4.0)

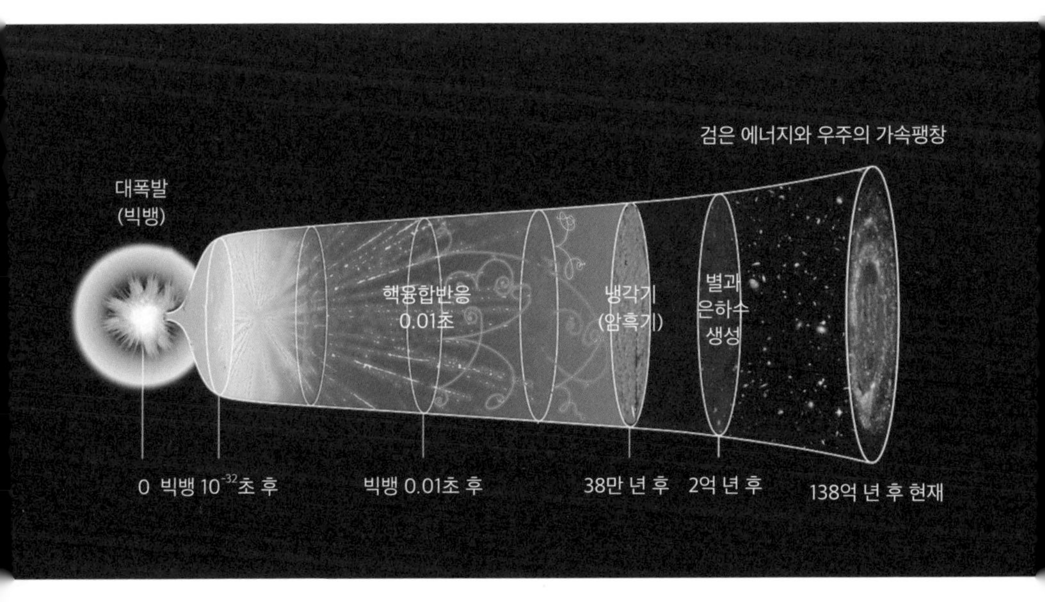

빅뱅과 우주의 역사(138억 년 빅뱅과 이후의 시간표)

주의 확산과정, 그 확산과 가속팽창을 계속하는 우주의 모습을 그래프 형식으로 담은 것이다.*

먼저 138억 년은 어떻게 나온 계산일까? 우주의 나이를 측정하는 방법은 두 가지다. 하나는 늙은 별들의 나이를 확인하는 것, 또 하나는 우주의 팽창속도를 역으로 계산하는 것. 천문학자들은 은하수 외

* 그림에서 '냉각기'란, 빅뱅 이후 뜨거웠던 우주가 점차 식으면서 각종 물질의 기본이 되는 원소가 만들어지는 시기부터, 최초로 별이 만들어지고 은하수가 형성되는 시점까지를 말한다. 그 시기를 암흑기라고도 부르는데 별처럼 빛을 내는 존재가 아직 없었기 때문이다. 이 수치들은 추정치일 뿐이다.

곽지역에 보이는 구상성단(globular cluster)—둥근 공 모양으로 밀집되어 있는 별들—에 주목했다. 이곳 별들의 밝기와 온도를 측정해본 결과 매우 오랜, 곧 늙은 별들이라는 것을 확인했고, 나이를 계산해본즉 대략 120억 년이 되었음을 알아냈다. 두 번째 방법은 빅뱅과 우주팽창 이론에 기초해, 관측결과에 허블 법칙을 적용하여 계산한 훨씬 정확한 것이었다. 허블 법칙이란 우리 은하에서 멀리 떨어진 외부 은하일수록 더 빨리 멀어진다는 것으로, 우주의 팽창속도를 역산하면 결국 우주의 시작점에 도달하게 되는 원리를 말한다. 2001년 미국의 존스홉킨스대학과 프린스턴대학, 나사Nasa가 합동으로 발사한 우주 관측기의 자료를 이용하여 정밀하게 계산한 결과, 0.4퍼센트의 오차로 우주의 나이는 137.7억 년, 즉 138억 년으로 나왔다.

한편 빅뱅 같은 거대한 사건이 벌어졌다는 것을 우리는 어떻게 알게 됐을까? 대답은 '적색편이(redshift)'라고 부르는 물리현상에서부터 시작된다. 적색편이는 빛의 파장이 길수록 붉은색을 띠게 되는 현상을 말한다. 빛의 파장이 길어진다는 것은 주파수가 감소한다는 것이고, 주파수가 감소한다는 것은 빛의 에너지가 줄어든다는 것을 의미하며, 이 천체가 관측자로부터 점점 멀어지고 있음을 뜻한다.

이 같은 물리적 현상을 '도플러 효과(Doppler effect)'라고 하는데, 파동을 내는 물체가 움직일 경우, 관측되는 파동의 파장이나 주파수가 달라진다는 것이고 이를 이론화한 오스트리아의 수학자 도플러 Christian Doppler의 이름을 딴 것이다. 쉬운 예로, 사이렌을 울리는 경찰차가 가깝게 다가올 때는 소리가 크고 높게 들리지만 멀어질 때는 작고 낮게 들리는데, 그 이유는 관측자로부터 물체가 멀어지는 경우, 소리 자체가 달라지는 것이 아니라 소리의 파장이 길어지면서 에너지가 줄기 때문이다. 같은 이유로, 천체로부터 도달하는 전파의 파장이 길어지면서 붉은색을 띠게 된다면 천체는 특정 위치, 곧 지구의 관측자로부터 점차 멀어지고 있는 것이다.

미국의 천문학자 슬라이퍼Vesto Slipher는 1912년 여러 성운을 관찰한 결과, 이들이 매우 큰 적색편이 현상을 보인다는 사실을 확인했다. 그러나 이것이 정확히 무엇을 의미하는지는 설명하지 못했다. 1929년 이를 공식화하고 '우주팽창론'이라는 법칙으로 설정한 이가 천문학자 허블Edwin Powell Hubble이다. 허블은 우주에는 무수히 많은 은하가 존재하고 있으며, 더 중요하게는 그 은하들이 매우 빠른 속도로 서로 멀어지고 있다는 점을 확인한 것이다. 허블의 발견 이전에 사람들이 알고 있던 은하는 우리의 은하, 즉 우유 은하수뿐이었고 모든 별은 그 속에 존재한다고 생각되었다. 그러나 은하는 상상 이상으로 거대한 존재임이 확인되었을 뿐 아니라, 각각의 은하는 고정되어 있는 것이 아니라, 이동하고 있다는 것도 확인되었다. 그리고 은하의 이동속도는 거리에 비례한다는 것, 다시 말해 이미 멀리 있는 것이 더 빠르게 멀어지고 있다는 것도 밝혀졌다.

이러한 우주팽창론에 문제를 제기하는 반론도 있지만, 거의 모든 은하가 마치 풍선이 부풀어 오르듯 지구로부터, 그리고 서로 간에 더 빠르게 멀어지고 있다는 사실은 분명해졌다. 도대체 무엇이 그렇게 빠른 속도로 이들 은하를 서로서로 밀어내는가? 많은 물리학자의 답은 '검은 에너지dark energy'이다. 여기서 'dark'는 아직 밝혀지지 않았다는, 모른다는 의미에서 붙여진 형용사다.

우주가 이처럼 팽창한다는 것은 무슨 뜻인가? 작가 빌 브라이슨 Bill Bryson이 말하듯, '우주는 안정적으로 고정되어 있는 텅 빈 공간이 아니라 시작 지점, 즉 태초가 있으며 이는 또 우주 종말의 가능성까지도 가정'한다.* 요약하면 팽창하는 우주란 팽창의 시작점이 있다는 것이다. 과거로 갈수록 우주는 더욱더 작아지며, 연장하면 결국 모든 물질이, 즉 전 우주는 하나의 점—전문용어로 특이점(singularity)—으로 수렴된다. 그 하나의 점에서 거대한 폭발이 일어났고 그것이 우주의 생성 시점이며 그 직후 상상 이상의 속도로 빠르게 확산이 시작된 우주는 지금도 끊임없이 팽창하고 있다는 것이다. 이런 점에서 빅뱅의 '뱅bang'은 말 그대로의 폭발이 아니라, 굉장히 빠른 속도의 팽창, 즉 순식간에 진행되는 엄청난 속도의 팽창을 의미한다. 그 빅뱅의 지점이 바로 시간의 시작이고 모든 우주의 시작이며, 계산해보면 그 시점은 대략 138억 년 전으로 추산된다는 것이 빅뱅 이론의 요체다.

빅뱅 이론을 포함하여 우주의 시작에 관한 여러 생각이 아직 확정

---

* 빌 브라이슨, 『거의 모든 것의 역사』(까치, 2003) 참조.

적이지 않다. 많은 과학자가 동의하고 있지만 그렇다고 단정적이지는 않다. 단 한 번의 빅뱅? 여러 번의 빅뱅? 그래서 하나의 우주가 아니라 여러 개의 우주가 존재한다면? 또 빅뱅 이전의 특이점 상태는 어떤 것인가? 도대체 무엇이 일대 폭발, 빅뱅을 일으킨 것인가? 이 밖에도 우주에 관한 수많은 어려운 질문들은 아직 미결의 과제로 남아 있다. 별들을, 은하수들을 서로서로 멀어지게 하는 힘이 무엇인지는 아직 모르더라도, 이렇게 계속 팽창하기만 한다면 오랜 시간이 지난 후 우주는 점점 희박해지고, 각각의 은하수들은 더 멀어져 끝내 서로 볼 수 없는 미아처럼 우주의 거대한 외톨이들로 저 혼자만 남게 되는 것이 아닐까? 모든 것이 사라지고 곁에 아무것도 남지 않는 것. 빅뱅 이론이 지닌 암울한 미래 우주의 모습이다. 브라이슨이 말한 우주 종말의 가능성은 이것을 말한다.

도대체 우주는 우리에게 무엇을 말하고 있는 것일까? 이런 질문들을 짚어가다 보면 가슴이 요동치고 막막해진다. 도무지 알 수 없는 감당 불가능한 물음이기 때문이다. 물리학자 김상욱은 이렇게 설명한다. '우주는 의미 없이 법칙에 따라 그냥 도는 것뿐이다. […] 그렇지만 인간은 의미 없는 우주에 의미를 부여하고 사는 존재이고 그래서 우주보다 경이롭다.'*

별을 바라볼 때 우리에게 직관적으로 다가오는 어떤 느낌이 있

* 김상욱, 『떨림과 울림』(동아시아, 2019), 252~253쪽.

다. 그것은 깨달음 같은 것일까? 의미 없는 우주에 의미를 부여하는 것이 왜 경이로운 일일까? 파스칼은 또 이렇게 말했다. '우주에서 인간은 하나의 점에 불과한 존재다. 그러나 우주를 이해하는 지혜의 존재이다.' 이것이야말로 밤하늘과 별을 바라보면서 우리가 느끼는, 인간과 우주에 대한 형이상학적 깊이의 깨달음, 즉 경이로운 일이 아닐까?

별의 메시지

옛날 사람들은 태양이 방문하는 그 순간 그 자리의 별들을
특별한 의미를 지닌 시간과 존재로 여겼다. 별이 어떤 메시지를 가지고 있고
그것을 태양이 찾아가는 것이라고 생각했다.

별을 보고 길을 찾던 시대

별이 빛나는 창공을 보고, 갈 수가 있고 또 가야만 하는 길의 지도를 읽을 수 있던 시대는 얼마나 행복했던가? 그리고 별빛이 그 길을 훤히 밝혀주던 시대는 얼마나 행복했던가? 이런 시대에서 모든 것은 새로우면서 친숙하며, 또 모험으로 가득 차 있으면서도 결국은 자신의 소유로 되는 것이다. 그리고 세계는 무한히 광대하지만 마치 자기 집에 있는 것처럼 아늑한데, 왜냐하면 영혼 속에서 타오르고 있는 불꽃은 별들이 발하고 있는 빛과 본질적으로 동일하기 때문이다.

게오르그 루카치Georg Lukacs, 『소설의 이론』 서문 중에서

별을 보고 길의 지도를 읽는다는 것은 무엇을 뜻하는가? 별빛이 길을 밝혀준다는 것은 또 무슨 말인가? 그것은 종교, 또는 그에 준하는 믿음과 사고의 사회적 체계를 가리킨다. 그것을 의심할 이유도 여지도 없는 세계. 그곳에선 인생의 행로, 삶의 지침이 이미 주어져 있다. 시대와 사회가 제시하는 규범에 따라 사는 것이 개인에게 갈등과 고민을 안기지 않았던 시대—루카치는 고대 그리스를 염두에 두고 말한 것이지만, 그 시절이 실제로 그러했는지는 알 수 없다—에 인간은 근대인처럼 괴로워하지 않았다는 것이다.

그러나 사회와 개인의 갈등이 없는 상황을 상정할 수 있을까? 정치든 종교든 경제든 문화든 사회 각 영역을 관장하는 조직이나 기관들이 개인에게 가하는 부당한 억압과 구속은 어느 지역에서건 인류의 역사와 함께한다. 따라서 루카치가 말한 것과 같은, 총체적 조화의 삶이 가능했던 인간적 조건이나 환경이 역사 속에서 실재했었다고 볼 수는 없다. 그것은 유토피아적 설정일 것이다.

사실 시대 또는 사회와 불화하는 개인이라는 인간관은 근대의 산물이다. 고대사회에 그런 갈등이 없었다는 뜻이 아니라, 개인과 사회의 불화를 전에 없던 언어와 형식으로 생각하고 표현하는 것—소설이 가장 적확한 사례—이 근대 세계의 한 모습이라는 것이다. 주지하다시피 근대에 접어들면서 종교의 권위와 신성함은 추락하기 시작했고, 과학의 발전으로 그 추락은 가속화되었다. 한편 자본의 힘은 이전보다 훨씬 강성해지면서 사람들을 옥죄는 틀로 작동하기 시작했다. 전통적 공동체의 틀은 점차 부서져나갔다. 과학의 성장, 자본의 진화는 사회와 개인 모두를 닦달하듯 밀면서 끌고 나아갔다. 진보라는 이름으로 끊임없이 변화하고 분열하는 사회에서 개인과 개인, 개인과 집단 간의 갈등은 더욱 불가피해졌다. 사회는 개인을 억압하는 구조적 존재로 작동할 뿐 가야 할 길의 지도를 제시해주지는 않았다. 마찬가지로 빛나는 별도 이제 낭만적 동경의 대상일 뿐, 삶의 길이나 지침을 보여주는 것은 아니었다.

별빛이 의심할 바 없는 길의 지도를 밝혀주던 시대는 과연 행복했을 것이다. 오늘 우리는 그런 눈으로 밤하늘을 응시하지 않는다. 우리는 과학의 눈으로 별을 바라본다. 그럼에도 불구하고 동서양의 전통 점술은 오늘날에도 사회적 차원에서 막대한 영향을 끼친다. 별이 되었든 또 다른 어떤 소재가 되었든, 각 시대와 사회는 각종의 자연현상을 나름대로 해석하고 이해하는 체계를 발전시켜왔다. 그것이 과학이냐 아니냐는 중요하지 않다.

특히 별은 오래전부터 하늘의 메신저로 받아들여졌다. 지역과 문화적 차이에도 불구하고 천체에 부여하는 의미나 기능 등에서 고대세계 각 문명은 적잖이 공통점을 지닌다. 별은 이전과 다른 모습을 보임으로써 왕에게 하늘의 뜻을 전하는 메신저였고, 그 뜻에 따르도록 신호를 보내는 전령이었다.

별이 보여주는 규칙성은 시계로, 달력으로, 지리적 이정표로 위상을 굳혔다. 나아가 별의 규칙성은 개인의 운명은 물론, 정치와 사회의 기본적인 틀을 상징하기도 했다. 따라서 고대사회에서 천체의 급격한 변동이나 움직임이 어떤 정치적 변동의 징조로 읽히는 것은 일반적 관행이었다.

베들레헴의 별과 점성술

깊은 뜻을 지닌 상징과 길을 일러주는 방향타로서의 별에 대해 가장 잘 알려진 이야기는 '베들레헴의 별(Star of Bethlehem)' 이야기일 것이다. 신구 기독교인들은 물론, 거의 모두가 알고 있을 예수 탄생과 동방박사, 그리고 박사들을 인도한 별의 이야기다. '베들레헴의 별' 또는 '크리스마스 별(Christmas Star)'이라고 불리는 이 별이 실재한 것인가? 실재했다면 어떤 별이었는지, 관찰 방식과 시기는 어떠했는지 등을 둘러싸고 지금껏 많은 관심과 연구가 있어왔다.

> 예수께서 헤로데 왕 때에 유다 베들레헴에서 나셨는데 그때에 동방에서 박사들이 예루살렘에 와서 "유다인의 왕으로 나신 분이 어디 계십니까? 우리는 동방에서 그분의 별을 보고 그분에게 경배하러 왔습니다." 하고 말하였다. 이 말을 듣고 헤로데 왕이 당황한 것은 물론, 예루살렘이 온통 술렁거렸다. […] 그때에 헤로데가 동방에서 온 박사들을 몰래 불러 별이 나타난 때를 정확히 알아보고 그들을 베들레헴으로 보내면서 "가서 그 아기를 잘 찾아보시오. 나도 가서 경배할 터이니 찾거든 알려주시오." 하고 부탁하였다. 왕의 부탁을 듣고 박사들은 길을 떠났다. 그때 동방에서 본 그 별이 그들을 앞서가다가 마침내 그

아기가 있는 곳 위에 이르러 멈추었다.

『공동번역 성서』 마태복음 2장 1-9절

그동안 베들레헴의 별에 대한 다양한 가설과 추론, 연구 등이 이루어졌는데, 혜성이라는 설과 초신성이라는 설, 또는 행성과 행성, 행성과 별의 합conjunction—가깝게 모이거나 겹치는 위치로 자리 잡은 경우—이라는 설 등이 주류를 이룬다.

이 중에서 가장 개연성이 높은 설로 주목받는 것은 행성과 행성, 또는 행성과 별의 합이다. 근대 천문학의 태두 중 하나로 갈릴레오와 동시대 인물인 천문학자 케플러는 일찍이 17세기 초에 그것을 합 현상이라 생각하고, 계산을 통해 예수 탄생 즈음 시기에 있었던 합의 연대, 횟수 등을 추정했다.

그의 연구에 따르면 기원전 7년 5월, 10월 및 12월에 목성과 토성이 이성상합二星相合—두 개의 행성이 근접한 상태—을 이루며 밝게 빛을 발했다. 그는 이것이 베들레헴의 별이라고 주장했으나, 기원전 7년이라는 연대가 예수의 탄생 시점과 맞지 않다는 이유로 널리 인정받지는 못했다. 그러나 최근의 천문학적 계산과 예수 탄생에 대한 새로운 고고학적 연구는 이 별의 실재, 그리고 이 별이 이성상합 현상이라는 케플러의 오랜 주장에 신빙성을 더해주고 있다.

천문학의 원형인 점성술(astrology)은 하늘과 별의 운행을 읽고, 우리들 개개인의 삶을 설명해주고 인도하는 자못 복잡한 해석의 체계이다. '별에 관한 공부'라는 뜻을 지닌 점성술은 비유하자면 서양식 역학이고 그것의 가장 대중적인 버전이 별점(horoscope)이다. 점성술은 미래를 읽는 작업이다. 그것의 근거는 별 또는 별자리가 가진 규칙성이다. 당사자의 미래 역시 그 변함없는 길처럼 미리 정해져 있다는 것이 점성술의 핵심이다. 미래는 사실 대략적 수준에서 예측할 수 있을 뿐, 인간에게 미지의 영역이다. 동서고금을 막론하고 점술이 만들어진 이유는 알 수 없는 미래에 대한 피할 수 없는 불안, 바로 그것이다.

점성술은 2,500여 년 전 바빌론—오늘날의 이라크 지역—에서 시작되었다. 이것이 지중해 동부로, 그리고 이집트와 그리스로 확산되었고 오늘날 점성술의 토대가 확립되었다. 여기에 가장 큰 역할을 한 주인공은 밝기에 따라 별의 등급을 나눈 그리스의 천문학자 히파르코스로 알려져 있다.

점성술의 기본 데이터는 '조디악Zodiac'이다. 조디악은 그리스 말로 '동물'을 뜻하는데, 다음 그림이 보여주듯* 태양이 지나는 하늘의

* Tau olunga/CC BY-SA (http://creativecommons.org/licenses/by-sa/3.0/)

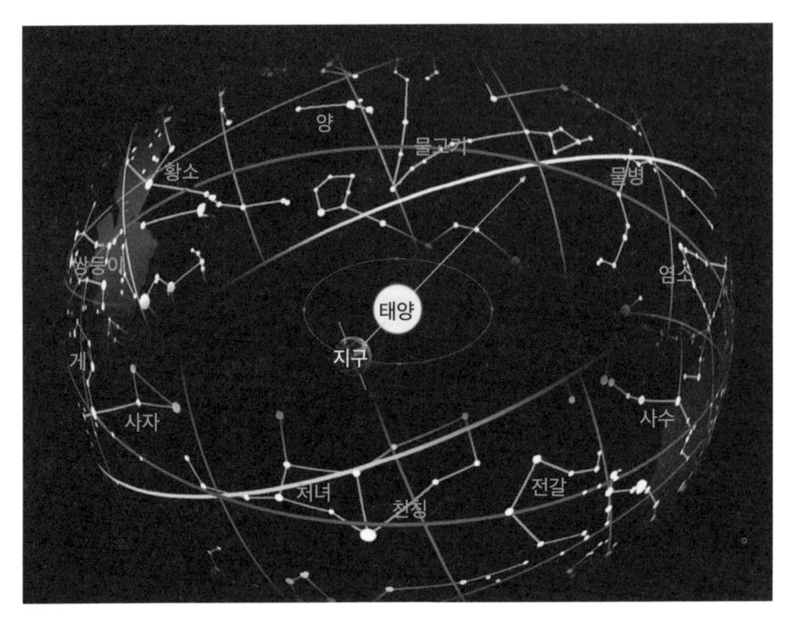

황도 12궁

길, 즉 그림에 화살표로 붉게 표시된 황도(ecliptic)라는 궤도 위에 존재하는 특정한 공간 또는 영역과 그 영역의 별자리를 말한다. 열두 개의 별자리를 기준으로 황도 12궁이라고 부르고 각각의 자리는 해당되는 동물—별자리 모양에 따라 이름 붙인 동물—들의 이름을 가지고 있다. 쌍둥이자리, 처녀자리, 천칭자리, 물병자리, 사수자리는 동물이 아닌 다른 형상에 맞추어 이름을 붙였다.

태양은 실제로 움직이지 않지만 지구의 관점에서 보면 그림에 표시된 붉은 원을 따라 움직이는 것처럼 보인다. 그 태양이 이동하는 길이 황도이다. 움직이지 않는 별이 움직이는 것처럼 보이는 것과 마찬가지이다.

오랫동안 사람들은 태양이 한 해에 걸쳐 황도에 자리한 각각의 별자리를 방문한다고 생각했다. 사실 따지고 보면 태양이 방문하는 그 별자리를 우리는 볼 수 없다. 태양이 비추기 때문이다. 6개월 후 태양이 반대편으로 가야 비로소 그 별을 제대로 볼 수 있게 된다. 예를 들어 우리가 지금 황소자리의 별을 보고 있다면, 그림에서 확인되듯 태양은 그 건너편 전갈자리를 찾아가 있는 것이다.

옛날 사람들은 태양이 방문하는 그 순간 그 자리의 별들을 특별한 의미를 지닌 시간과 존재로 여겼다. 별이 어떤 메시지를 가지고 있고 그것을 태양이 찾아가는 것으로 생각했다. 점성술이라는 사고체계의 핵심은 그것이다. 남은 질문은 그 메시지가 무엇이며 그것을 어떻게 해석할 것인가이다.

별이 전하는 신호를 읽는 가장 대표적 방식이 별점이다. horoscope는 어원상 '시계'라는 뜻의 그리스 말이다. 스티븐 호킹이 말했듯 하늘이 시작되면서 시간 역시 시작되었으니 우주는 시계라고 할 수 있다. 하늘의 별, 즉 우주를 보는 것은 위치를 읽는 것이며 동시에 시간을 읽는 것이다. 태양이 1년 동안 열두 개의 별자리를 순회하듯 차례로 이동하고, 그 순회의 시간에 태어난 사람들은 태양은 물론 별들, 즉 우주가 정해주는 특정한 성격과 운명을 지니게 된다는 생각을 토대로 한 것이 별점이다.

그리고 그 별의 위치와 시간을 읽기 위해 만든 것이 조디악이다. 이 조디악을 사람에 대입하여, 예를 들면 태양이 사자 별자리 앞을 지나는 때 태어난 사람은 사자자리의 운명을 지니게 된다는 것이다. 별들을 이렇게 관찰하고 읽는 것은 앞서 말했듯 수메르와 바빌로니아 신화에서 시작되고 명칭 역시 그곳에서부터 시작되었다.

별점의 근거

별점은 이런 식으로 오늘날까지 5천 년 정도 유지되어왔고, 지금까지도 동서양을 넘나들면서 많은 이들이 관심을 갖는 점술로 자리 잡았다. 그러나 점성술의 기본토대는 이미 오래전에 근대과학에 의해 무너졌다고 봐야 한다.

첫째로, 점성술의 이론적 기초에는 천동설이 놓여 있다. 태양이 움직이는 길, 황도를 상정한다는 것부터가 지구가 우주의 중심이고 태양은 별과 지구 사이의 공간을 공전한다는 우주관을 반영한다. 그러나 알다시피 천동설은 16세기 코페르니쿠스 이래 근대과학과 천문학의 발전 앞에 무너졌다.

둘째, 지구의 세차운동 때문에 고대 점성술 달력과 오늘날의 달력 사이엔 이미 한 달 정도의 차이가 벌어졌다. 세차운동이란 회전체의 회전축이 움직이지 않는 어떤 축의 둘레를 도는 현상인데, 이로 인해 자전하는 지구가 좌우로 흔들리며 돌기에 지구의 자세가 달라지면서 지구의 북쪽과 북극성이 어긋날 뿐 아니라, 지금의 달력과 당시의 달력이 틀릴 수밖에 없게 된 것이다.*

셋째가 가장 심각한 문제로, 조디악의 별자리가 열두 개에서 열세 개로 늘어났다는 점이다. 이 때문에 별자리 달력을 완전히 새롭게 만들어야 한다는 문제는 점성술의 입장에서 엄청나게 큰 사건이라고 하지 않을 수 없다.

새롭게 들어선 조디악은 오피우쿠스Ophiuchus, 그리스 말로 어원상 '뱀을 들고 있는 사람'이라는 뜻, 우리말로는 뱀주인, 즉 땅꾼자리

* 팽이가 돌면서 흔들리듯, 지구는 자전하면서 종축이 흔들린다. 오랜 시간이 지나면 흔들리는 종축은 방향 자체도 달라진다. 연구에 따르면 기원전 15세기 이집트 사람들이 관찰할 당시, 지구의 자전축이 가리키는 별은 용자리의 알파별 투반이었다고 한다. 먼 미래 지구의 종축이 가리키는 북쪽의 별은 오늘날처럼 북극성이 아니라 다른 별이 될 것이다.

오피우쿠스자리

이다. 위 그림에서 보듯* 땅꾼자리는 남쪽 하늘로 낮게 뜨는 왼쪽의 사수자리와 오른쪽의 전갈자리 위쪽에 위치하고 있다.

대체로 어둡고 넓게 산포된 별자리이기 때문에 찾아보기가 쉽지 않다. 계산에 따르면 태양이 여기를 찾는 날짜는 11월 29일부터 12월 17일까지. 이 때문에 전갈자리는 불과 일주일로 줄어들고, 다른 조디악들의 날짜 역시 기존의 것보다 한 달 정도씩 뒤로 밀려나게 된다.

---

* www.stellarium.com 유럽우주국 별자리 프리소프트웨어.

그런데 흥미롭게도, 이것은 새로운 사실이 아니었다. 3천 년 전쯤 조디악을 만든 바빌론 사람들도 이미 알고 있었다. 태양이 이 자리를 방문한다는 것을 그들이 진작에 알고 있었음에도 불구하고 조디악에 포함시키지 않았던 이유는, 기존의 열두 달 1년 시스템에 혼란을 가져오지 않기 위해서였단다.

적어도 과학과 수학의 입장에서는 별점의 근거도, 점성술 자체의 기초도 이전보다 더 부실해졌다. 세차운동과 새 별자리 등장으로 인한 날짜 변경 때문에 각자의 탄생 별자리가 바뀌게 된 것이다. 원래 별점에선 태양이 통상 한 달에 걸쳐 각 별자리 앞을 지나간다고 간주했지만, 이제는 별자리마다 다르게 변경되었다. 이를테면 처녀자리 앞엔 무려 45일, 전갈자리 앞엔 고작 7일, 땅꾼자리 앞엔 18일. 달력 자체가 크게 달라질 수밖에 없다.

그러나 이런 사실 확인이 얼마만큼 의미 있을까? 이미 오랫동안 별에 기대어 사람의 운명을 읽어왔던 점성술은 애초부터 과학과 상관없이 오늘날까지도 별자리 심리학 같은 이름으로 사람들의 삶에 실질적인 힘을 발휘하고 있다. 미래에 대한 우리의 호기심과 존재론적 불안 때문이다. 게다가 3천 년 정도 지나면 별들은 다시 예전의 자리로 돌아오게 될 것이다.

밤주인자리

아스클레피우스의 지팡이

오피우쿠스는 누구이며 왜 뱀을 붙들고 있는가? 위 그림은 뱀을 잡고 있는 오피우쿠스를 그린 별자리 삽화로 19세기 영국에서 인쇄된 것이다.

그리스인들은 뱀주인을 의술의 신 아스클레피우스Aesculapius라

세계보건기구 문양

고 믿었다. 신화는 그를 빛의 신 아폴로의 아들로 기록하고 있다. 여기서 말하는 빛이란 추상적인 의미에서의 빛, 즉 지적 활동 전반을 포괄하는 의미이다.* 아버지 아폴로는 어린 아스클레피우스를 키론Khiron이라는 현자에게 맡겼다. 키론은 그에게 의술도 가르쳤다. 어느 날 그는 우연히 뱀을 죽이고서, 다른 뱀이 그 죽은 뱀 위에 풀잎 같은 것을 올려놓자 다시 살아나는 것을 목격했고, 이윽고 같은 풀을 이용해서 죽은 사람을 살릴 수 있게 되었다. 이렇게 치유와 생명의 경험으로 뱀과 맺어지게 된 이후 아스클레피우스는 의술의 신으로 추앙받았고, 뱀은 생명 또는 부활의 상징이 되었다. 뱀이 매년 허물을 벗는 것을 다시 태어나는 것으로 본 것이다.

이같은 인식을 실제 물건에 새겨놓은 것이 헤르메스의 지팡이로 불리는, 뱀 두 마리가 서로를 감으며 올라가는 모양의 지팡이이다.

* 그리스 신화에서 빛으로서의 태양의 신이 아폴로라면, 태양이라는 물리적 천체 그 자체를 관장하는 신은 헬리오스이다.

본래 제우스의 전령 헤르메스의 지팡이라는 의미에서 '카두세우스 caduceus'라고 부르는데, 이것이 변형되어 오늘날 세계보건기구를 나타내는 문양에서 보듯 의학의 상징으로 차용되었고 이름도 '아스클레피우스의 지팡이'로 불리고 있다.

의학을 상징하는 아스클레피우스의 지팡이는 재생을 의미하며 동시에 병자를 고치는 의술을 뜻한다. 아스클레피우스의 이름은 히포크라테스의 선서* 안에도 인용되어 당당하게 살아 있었다. 19세기 중반 이후 사회변화를 수용하면서 달라지기 전, 선서의 원래 본문은 이렇게 시작했다.

> 나는 의술의 신 아폴론과 아스클레피우스, 건강의 신과 치유의 신에게 내 능력과 판단을 다하여 이 선서와 약속을 지킬 것을 모든 남신과 여신 앞에서 맹세하노라.

죽음까지도 이길 수 있었던 아스클레피우스 자신은 나중에 어떻게 되었을까. 제우스가 번개를 내려쳐 죽였다. 생명을 살리는 대가로 사람들에게서 뇌물을 받았다거나, 사람들로부터 신으로 추앙받는 것

---

* 기원전 5~4세기 사람인 히포크라테스Hippocrates는 고대 그리스의 의사로, 히포크라테스 선서는 그가 말한 의학 윤리를 담은 지침이다.

에 제우스가 분노했기 때문이라는 등 여러 설이 있지만, 그의 놀라운 능력이 그의 죽음의 원인이 되었다는 점은 동일하다. 쇠락과 파멸, 죽음은 누구에게도 예외가 없었다. 그러나 아스클레피우스는 밤하늘의 별로 남아 오늘도 빛나는 특권을 누리고 있다.

별의 신화학

자신의 내부에 스스로를 파괴하는 힘을 품고 있는
잔인한 운명의 존재, 그것이 영웅의 이면이고 이런 의미에서
영웅이야말로 비극적 존재의 전형이다. 그것이 우리에게
전해지는 영웅 신화의 가르침이다.

신화와 영웅 이야기

과학은 우주의 목적을 설명하지 않는다. 설명할 수 없다. 우주는 왜 존재하는가라는 물음에 답하지 못하며, 현재나 현재까지의 상황에 대한 인과론적 설명 또는 묘사, 그리고 재현 가능성에 기초한 미래예측 정도가 과학이 할 수 있는 거의 전부이다. 가치의 문제는 과학의 영역이 아니기 때문이다. 별을 보고, 별의 운행을 설명하며, 기어이 우주의 기원까지 분석과 탐색의 대상으로 삼지만 인간이 가진 궁극의 질문, 우주는 왜 존재하는가 같은 물음에 대해서는 함구할 수밖에 없다. 여기에서 종교나 신화가 진입한다.

별에 얽힌 그리스 신화 이야기, 그중에서도 영웅의 이야기를 담고 있는 별자리 신화를 살펴볼 순서이다. 하늘의 별에 새겨진 영웅의 이야기는 오늘날까지 전해져 우리의 눈과 귀를 풍성하게 한다. 그리스 신화는 내용이나 품질, 이야기의 구성, 범위나 주제 등의 측면에서 여타 어느 신화보다도 압도적이다. 그리스가 지중해의 중심국가로 등장하면서 주변 지역에 이어져 내려온 다양한 설화를 한데 묶을 문화적 역량을 갖추었기 때문일 것이다. 그리스 신화는 본래의 이야기와 함께 또 다른 무수한 이야기를 낳는 원천으로 기능하고 있다. 그리스 신화를 서양 문학, 나아가 서양 문화의 원천이라고 하는 이유는 그것 때문이다.

세상사 또는 인생 항로는 변화무쌍하고, 대체로 우리의 희망과는 다르게 진행되며, 많은 경우 불가해하다. 개인이든 집단이든 삶은 여러 곡절과 계기에 부딪히게 마련이다. 왜 이런 일들이 벌어졌는가, 어떻게 이해할 것인가, 어떻게 풀 것인가, 무엇을 할 것인가 같은 물음은 삶에서 늘 제기되곤 한다. 예측할 수 없는 자연현상 역시 마찬가지의 수수께끼이다. 왜 그런 이변이 일어나는지 알 수 없다. 개인과 집단의 삶을 살리기도 하고 때로는 파괴하기도 하는 거대한 존재로서의 자연은 말 그대로 미스터리다.

신화는 인간이 자신과 세계에 대해 품는 본원적 질문에 관한 하나의 답변이다. 모두에게 절실한 물음을 풀이해주는 하나의 경로, 안내자, 방식이다. 그리하여 신화는 일종의 심리적 나침반이다. 얼핏 무질서하고 무의미한 듯 보이는 세상에서 사람들에게 질서와 의미를 찾을 수 있는 방향타 역할을 수행하는 것이다. 별자리에 새겨진 영웅의 신화 역시 마찬가지다. 이야기를 듣거나 읽는 사람들에게 그들의 삶과 사회, 나아가 세계에 대한 생각의 틀, 이해의 길을 제시하는 하나의 나침반인 것이다.

보고 읽는 사람의 관점에 따라 그리스 신화의 핵심은 달라진다. 여기서는 영웅이라는 주제에 주목하고자 한다. 영웅 신화는 다른 어떤 이야기보다 흥미로우며 동시에 여러 가지 의미를 생각하게 하는 소재이다.

고대 그리스가 낳은 가장 빼어난 서사시인 중 하나인 헤시오도스는 인간의 역사를 황금, 은, 청동, 영웅, 쇠라는 다섯 개의 시대로 구분했다. 크로노스Kronos가 다스리던 황금의 시대, 제우스가 다스리던 은의 시대, 그리고 이어진 인류의 청동시대. 청동시대의 모범적 인간을 헤시오도스는 영웅으로 묘사했다. 그러나 청동시대와 영웅시대는 결국 제우스가 내린 홍수의 벌로 끝이 나고, 이후 데우칼리온의 후손들이 만드는 최악의 인간 시대, 쇠의 시대로 이어진다.

그의 청동시대, 영웅시대를 마감하는 구체적 징조는 호메로스가 묘사한 트로이 전쟁과 그 이후의 많은 사건들이다. 이 시대는 그리스 신화와 역사에 가장 많은 이야기를 남긴 기간이다. 호메로스의 『일리아드』와 『오디세이』는 그 시대를 그린 장쾌한 대서사시이다. 행복한 신들과 불행한 인간들의 중간쯤 되는 영웅들이 시대의 주역인 만큼 한편으론 웅대하고 다른 한편으론 비극적인 이야기들이 만들어질 수밖에 없는 시기이다. 트로이 전쟁 어간의 영웅시대는 역사적으로 보면 봉건적 도시국가 체제의 그리스를 지칭한다. 우리에게 익숙한 트로이 전쟁의 주역들은 모두 그리스 각 지역을 다스리는 봉건 군주들이었다.

영웅시대의 신화에 영웅은 차고 넘친다. 영웅은 어떤 이들이었던가? 거의 신과 같은 역능을 가진 모범적 인간이라고 여기지만 실상은 달랐다. 예를 들어 트로이 전쟁의 인물들의 이면을 벗겨보면 스스로를 '뭇 도시의 약탈자'라 불렀듯 강도요 해적이었다. 역사학자인 하우저Hauser Arnold가 냉정하게 기술하듯, 트로이 전쟁의 서사를 담은 영웅시가의 대표작 『일리아드』는 '그들의 약탈과 해적 행위를 시적으로 미화한' 것에 지나지 않는다. 그렇다 하여도 이들 '영웅'들을 소재로 한 호메로스의 작품 같은 것이 '비전과 학식, 영감과 전통, 고유의 것과 외래적인 것 등 상이한 온갖 요소들로 만들어낸 시적 창조력의 산물임'은 분명하다.*

트로이 전쟁의 씨앗

그리스 신화의 큰 줄기를 담은 대표작은 단연코 호머의 『일리아드』다. '일리아드'라는 명칭은 트로이를 건설한 신화 속 인물 '일로스Ilos'에서 비롯되었다. 서양 문학의 최초이자 가장 큰 영향을 끼친 이 작품은 그리스 연합군이 트로이와 벌이는 10년 동안의 공성전을 배경으로 하고 있다. 다음 지도는 트로이 전쟁 당시 상황을 지리적으로

* 아르놀트 하우저, 『문학과 예술의 사회사 1』(창작과 비평, 2017), 112, 123쪽.

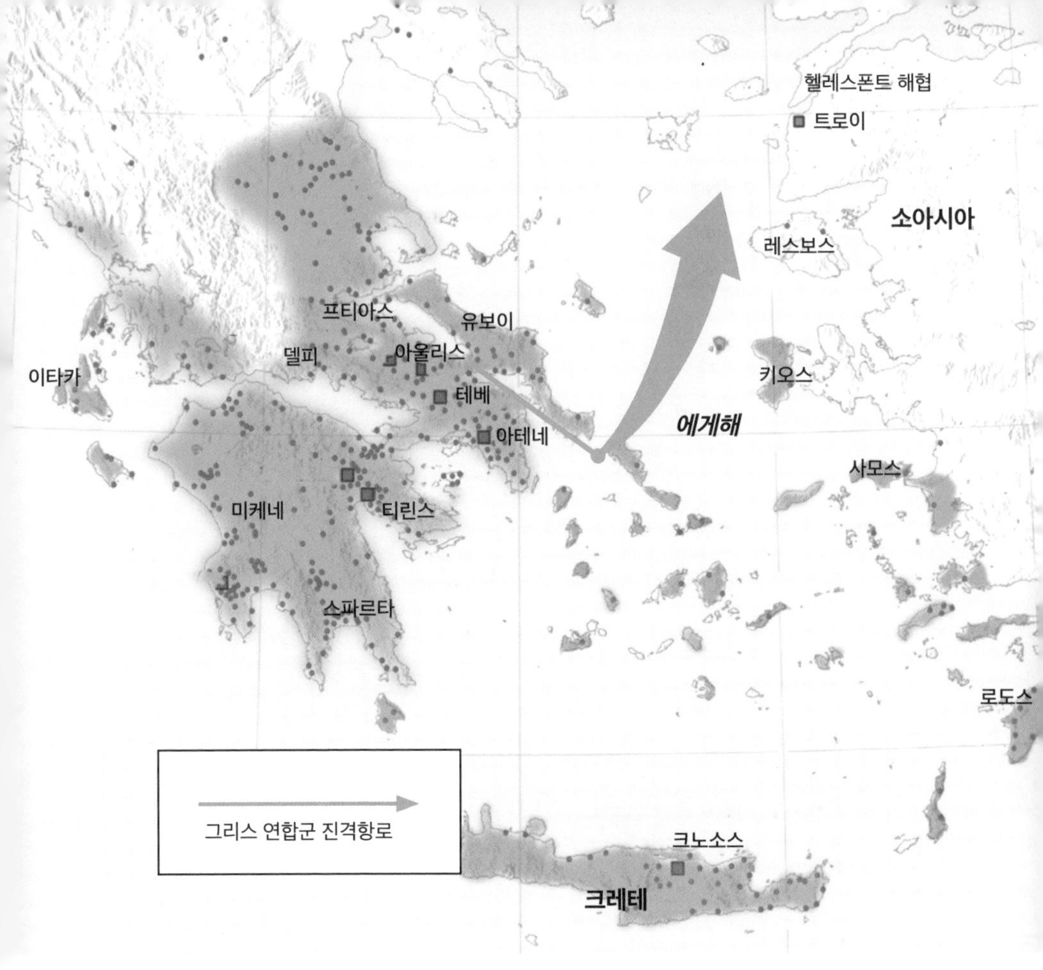

트로이 전쟁 간략 지도

묘사한 것이다.* 지도 오른쪽 위에 표기된 트로이는 오늘날 터키의 북서쪽 히사를리크Hisarlik 인근으로 추정되는데, 헬레스폰트 해협—오늘날의 이름은 다르다넬스 해협—바로 아래, 곧 에게해와 흑해를

* User: Alexikoua, User:Panthera tigris tigris, TL User:Reedside/CC BY-SA (https://creativecommons.org/licenses/by-sa/3.0)

잇는 해협의 동편에 자리하고 있다.* 19세기 독일의 사업가이자 아마추어 고고학자인 실리만Heinrich Schliemann의 발굴 작업 이래, 오늘날까지도 탐사와 연구가 계속되고 있다.

미케네의 아가멤논 왕Agamemnon을 총사령관으로 프티아의 왕 아킬레스Achilles, 이타카의 왕 오디세우스Odysseus, 스파르타의 왕 메넬라오스Menelaos 등을 주축으로 하는 그리스 연합군이 보이오티아 아울리스 항에서 발진 뒤 트로이 해안에 상륙하여, 그곳의 왕 다르다노스Dardanos와 프리아모스Priamos, 왕자 헥토르Hektor와 파리스Paris, 그리고 아프로디테의 아들 아이네이스Aeneis 등 트로이 방위군과 밀고 밀리는 전쟁을 벌인 것, 그 기록이 『일리아드』이다. 이 작품은 10년이라는 길고 긴 공성전의 일부만 다루고 있지만, 고대 그리스를 무대로 한 이야기 가운데 사람들의 흥미와 호기심을 가장 많이 끌어당긴 이야기일 것이다.

트로이 전쟁의 시작은 적어도 신화에 따르면 '경국지색'이 가장 적합한 표현이다. 남녀 관계의 문제가 때로 세상을 뒤흔들고 역사를 바꾼 것이 비단 이뿐만은 아니리라.

전쟁의 근원을 거슬러 올라가면 스파르타의 왕비 레다의 미모에 빠져버린 제우스의 치정으로 이어진다. 백조로 변한 제우스가 레다를

---

* 에게해와 흑해는 두 개의 해협과 한 개의 바다를 통해 연결된다. 첫 번째 해협인 헬레스폰트 해협을 지나면 마르마라해라 불리는 작은 바다가 나오고, 여기를 지나면 두 번째 해협인 보스포루스 해협이 나온다. 이 유명한 보스포루스 해협을 지나야 바닷길이 비로소 흑해로 이어진다.

레다와 백조를 소재로 한 타일 모자이크

범한 날, 레다는 남편 틴다레오스Tyndareos와 관계를 갖는다. 이후 레다는 네 명의 자식을 낳는다. 지난 2018년 이탈리아 폼페이의 한 건물유적에서 이 신화를 소재로 한 벽화가 발굴되면서, 레다의 이야기가 다시 한번 큰 화제가 되기도 했다. 백조로 변신한 제우스와 스파르타의 레다 이야기는 그동안 많은 미술작품의 소재로 쓰였다. 위의 타일 모자이크는 그 이야기를 소재로 기원전 3세기에 만들어진 작품이다.

이들 간의 후손인 쌍둥이 아들 카스토르Castor와 폴리데우케스Polydeuces, 그리고 쌍둥이 딸 클리템네스트라Clytemnestra와 헬렌. 이들로부터 이어지는 다양하고 복잡한 이야기 가운데 우리의 주제에 집중해 사건을 요약하면, 많은 남자들의 구애를 물리치고 헬렌은 틴다레오스에 이어 스파르타의 왕위에 오른 메넬라오스와 결혼한다. 그러다 우연히 트로이의 왕자 파리스를 만나는데, 여기서 서로 사랑에 빠졌다는 버전과 헬렌이 납치되었다는 버전의 이야기로 나뉜다. 이에 그리스는 헬렌을 되찾기 위해 각국을 망라하는 대규모 연합군을 결성하여 에게해를 건너 트로이 원정길에 오른다. 트로이 전쟁의 시작이다.

카스토르와 폴리데우케스

전쟁은 오디세우스의 지략인 '트로이의 목마'로 결국 그리스 연합군의 승리로 귀결된다. 『일리아드』의 후속작 『오디세이』는 바로 이 오디세우스가 고향 이타카로 돌아가는 또 다른 10년 귀향길의 간난신고를 담은 서사시이다. 거대한 역사의 서사인 『일리아드』와 『오디세이』에는 숱한 영웅호걸들이 등장함에도 의외로 하늘의 별이 된 인물은 없다. 다만 전쟁의 원인 제공자인 헬렌과 남매간인 쌍둥이 형제 카스토르와 폴리데우케스의 쌍둥이자리가 있다.

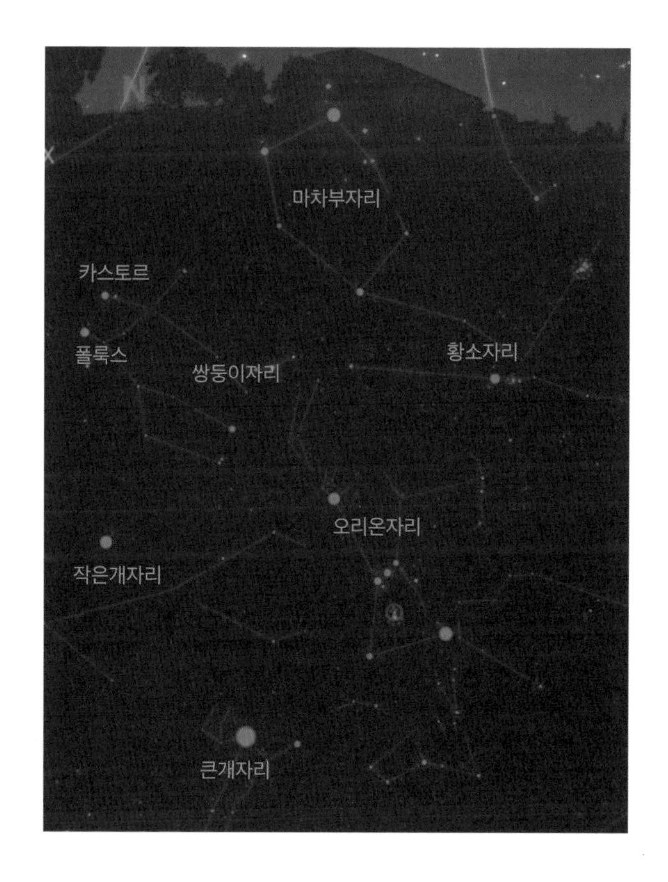

위 그림 왼쪽 약간 위, 두 사람이 나란히 서 있는 모양의 별자리로, 이 중 동생 별인 폴룩스(폴리데우케스의 라틴명)가 일등성 중 하나다.* 앞서 말한 겨울의 육각형 아스테리즘 중 한 꼭짓점을 이루고, 그림에

* www.stellarium-web.org. 유럽우주국 별자리 프리소프트웨어. 공식적으로 쌍둥이자리의 알파별은 형인 카스토르다. 별자리에 이름을 붙이기 시작했던 고대에는 카스토르가 더 밝았기 때문이다.

도 나와 있듯 오리온자리 바로 옆에 있어 찾기도 쉬운 편이다. 이들은 죽음을 넘나드는 유난한 형제애로 유명해 아버지 제우스가 그 우애를 기려 하늘의 별자리로 만들어주었다고 한다.

트로이 전쟁은 신화와 전설에서는 경국지색의 전쟁이라 할 수 있지만, 실제 역사가들은 지중해의 패권을 둘러싼 그리스 쪽 나라들과 소아시아 쪽 나라 간의 대결로 설명하고 있다. 흔히 그리스 문명을 더 넓게 에게문명이라고도 하는데, 에게문명은 크게 미케네, 크레타 또는 미노스, 그리고 트로이 문명, 셋으로 구성된다. 이들은 상호 경쟁하는 관계였고, 마침내 미케네가 미노스와 트로이를 석권하여 그리스 문명의 주역으로 올라서게 된다. 트로이 전쟁은 이러한 역사적 과정을 보여주는 대형 사건이다. 전쟁은 시기적으로 대략 그리스 청동기 시대의 종말과 부합한다.

미케네도 이윽고 내외 갈등과 침략으로 무너지게 된다. 이후 기원전 800년경까지 4백여 년—전쟁 이후부터 흔히 도시국가로 불리는 폴리스들이 등장할 무렵까지—을 고대 그리스의 암흑시대라고 부른다. 이런 면에서 호메로스의 대서사시 작품들은 청동기 시대가 무너지고 암흑시대를 지나, 이후 도시국가로 그리스 문명이 다시 피어나는 것을 상징하기도 한다.

이제 호메로스의 영웅들보다 훨씬 먼 과거 신화 속의 영웅들을 만날 시간이다. 그중 밤하늘의 별이 되어 우리와 만날 수 있는 자는 페르세우스와 헤라클레스, 두 인물 정도이다. 둘 다 제우스의 아들이지만 그들은 지극히 상반된 삶을 살았다. 두 영웅 모두 별이 되어 하늘의 자리를 차지하고는 있으나, 각자의 인생 궤적은 달라도 너무 달랐다.

하늘의 말 페가수스

영웅 페르세우스를 제대로 보려면 별이 된 그의 말 페가수스 이야기부터 먼저 풀어야 한다. 하늘을 나는 말 페가수스는 가을의 별이다. 마치 가을을 알리는 것처럼 페가수스는 8월 입추가 지나면 이미 동쪽 하늘에 자리를 잡는다. 그리고 10월이 되면 밤하늘은 그의 것이 된다. 11시를 넘어 자정 무렵이면 수직으로 올려다보는 밤하늘의 정수리 방향에 자리한다. 이등성 별들로 이뤄졌음에도 밝게 빛나는 별무리다.

별의 지리학에서 언급했듯 하늘에는 각 계절을 대표하는 아스테리즘 별자리가 있다. 봄의 삼각형, 여름의 삼각형, 겨울의 육각형, 그리고 가을의 사각형. 다음 그림에 보이듯 페가수스자리는 사각형을 만든다. '가을의 사각형(Autumn Square)' 또는 '페가수스의 대사각형(Great Square of Pegasus)'으로 불린다. 그림을 뒤집어 보면 말의 목과 앞다리, 그리고 사각형의 몸통과 뒷다리를 연상해볼 수 있다. 왼쪽으로 길게 말의 뒷다리처럼 보이는 것은 페가수스 바로 옆에

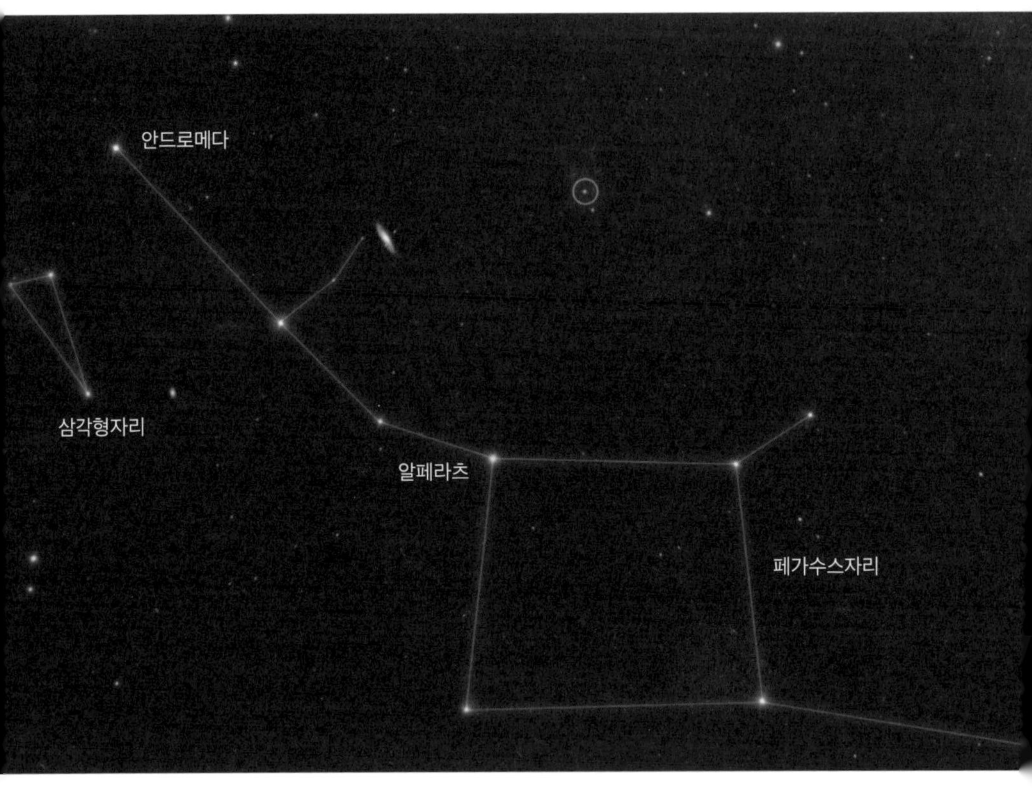

페가수스자리

있는 안드로메다자리Andromeda다. 흥미로운 것은 그림에 '알페라츠Alpheratz'라고 표기된 명칭인데, 이는 아랍어로 '말의 배꼽'이라는 뜻이다. 오랜 옛날, 그 위치와 모양 때문에 알페라츠가 한편으로 페가수스의 몸통에, 또 한편으로 안드로메다의 머리에 해당하는 별로 간주되었음을 보여주는 흔적이다. 1930년 국제천문연맹에서는 이를 안드로메다자리의 알파별로 확정했다.

하늘을 나는 말 페가수스는 다채로운 경력의 소유자다. 첫 번째는 신화시대 그리스의 걸출한 용사 페르세우스의 말, 두 번째는 제우스의 천둥과 벼락을 나르는 말, 세 번째는 그리스의 또 다른 젊은 용사 벨레로폰Bellerophōn의 말. 이 경력 중 핵심은 첫 번째다. 왜냐하면 페가수스 탄생의 이야기가 이것에 얽혀 있기 때문이다. 세 번째 경력에는 그가 별이 되는 과정의 얘기가 섞여 있다. 긴 얘기는 일단 뒤로 미루고 그가 별이 된 경과를 보여주는 세 번째 얘기를 먼저 풀어보자.

벨레로폰은 누구인가? 기이한 치정 관계에 얽힌 함정에 빠져 어쩔 수 없이 괴물 키메라Chimera와 싸우게 된 그리스의 또 다른 전사다. 여신 아테나Athena는 그의 용기에 탄복하여 황금 고삐를 그에게 주고 천마 페가수스를 찾아가게 했다. 그렇게 해서 키메라를 물리쳤으나 왕의 후계자가 되면서 오만방자해진 벨레로폰은 감히 신을 넘보고자 하늘로 날아올랐다. 교만함은 징벌의 대상인 법. 제우스가 페가수스에게 번개를 내려치자—어떤 버전에는 말파리로 하여금 말을 쏘게 했다—벨레로폰은 그만 낙마하여 지상에서 비참하게 사망했다. 그러나 페가수스는 하늘로 계속 올라 신들이 있는 곳에 도착했고, 오늘날까지 별자리로 남게 되었다는 것이다.

첫 번째 이야기는 훨씬 생생하고 장대한 서사를 담고 있다. 주역 페르세우스가 드디어 등장한다.

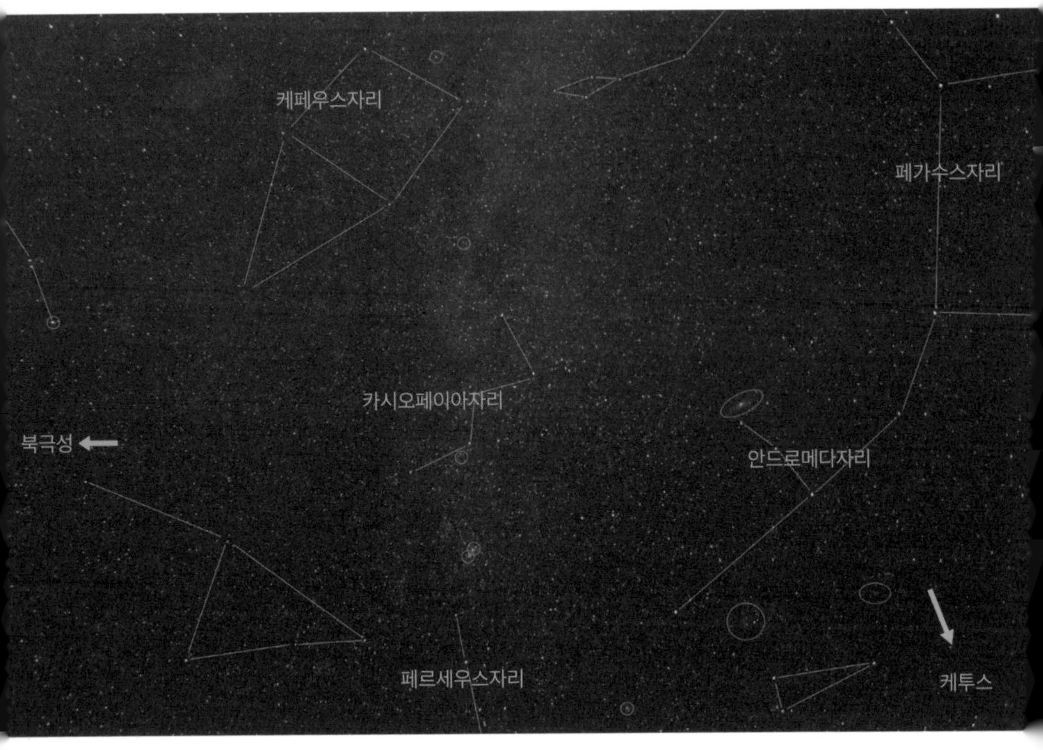

페르세우스 가족

용사 페르세우스의 고난과 영광

고대 그리스의 용사 페르세우스의 이야기는 스케일이 크고 길이도 길다. 대략 세 가지 줄기로 나뉜다. 첫째로 출생과 성장, 둘째로 가족, 셋째로 업적. 이야기의 기본 틀은 영웅의 인생행로다. 대부분의 영웅이 비참한 최후를 맞이하는 것과 달리, 페르세우스의 삶은 고난의 행군으로 시작되어 영광의 월계관으로 마무리된다.

먼저 페르세우스 별자리. 위치는 북북동쪽 멀리 중간 정도 높이의 하늘이다. 가을 저녁 9시 무렵이면 그 위치에서 분명하게 볼 수 있고, 이후 천천히 떠오른다. 그러나 왼쪽 그림에 표시된 자리의 밝은 두 별과 주변의 흐릿한 몇 개의 별을 제외하면 전체를 육안으로 보기는 쉽지 않다.

주목해야 할 것은 그의 위치다. 위 그림에서 페르세우스자리의 위치는 북쪽 방향 왼쪽 맨 위의 케페우스, 그 아래 카시오페이아, 그 옆 안드로메다, 그 옆 위쪽의 페가수스, 오른쪽 화살표 방향 아래쪽의 케투스Cetus—고래자리라 부르는—까지 이어지는, 4분의 1 원처럼 보이는 별 무리의 집합에서 중심 받침대 같은 위상이다. 중심 받침대, 그것은 페르세우스가 산 삶의 궤적을 상징하는 것이기도 하다. 보이는 별자리로는 크기나 밝기가 상대적으로 미약해 보이지만 실상 주변의 모든 별자리를 연결하는 중심축이다. 케페우스는 장인, 카시오페이아는 장모, 안드로메다는 아내, 페가수스는 그의 말, 그리고 케투스는 그가 처치한 바다의 괴물.

이런 배경에 얽혀 있을 얘기를 생각해보면 위 별자리들은 아닌 게 아니라 하늘에 새겨진 장대한 가족 드라마를 연상케 한다. 여기서 첫 번째 이야기는 전사 페르세우스의 출생과 고난의 행군.

그의 편력에 가장 첫째로 커다랗게 걸려 있는 숙명의 고리는 어머니 다나에Danae와 외할아버지의 순탄치 않은 인생행로이다. 손자에 의해 죽임을 당할 운명이라는 델피의 신탁을 믿은 아르고스의 왕은, 결혼은커녕 그 누구도 만나지 못하도록 딸 다나에를 청동으로 만든 밀실에 가둬두었다. 그런 딸이 기어이 아들을 낳자 왕은 딸과 손자를 바구니 같은 것에 태워 멀리 쫓아낸다. 바다를 떠돌던 그들은 섬에 표류하게 되고, 한 어부가 그들을 구조한다. 어부의 친절한 도움으로 잘 지내고 있는 이들의 소식을 어부의 형인 섬나라 왕이 들었다. 왕은 다나에를 만나 그녀에 반해 반강제로 결혼하려 하지만 장성한 페르세우스 때문에 쉽게 뜻을 이루지 못한다. 왕이 자신의 결혼식을 공표하고, 누구나 공물을 바쳐야 함에도 정작 바칠 것을 아무것도 지니지 않았던 페르세우스는 괴물 메두사의 목을 바치겠다고 약속한다. 어떻게든 어머니로부터 페르세우스를 떼어놓으려 했던 왕은 속으로 쾌재를 불렀다. 그 누구도 메두사를 이길 수 없을 것으로 생각했기 때문이다.

앞서 말한 페가수스의 탄생은 이 대목에서 나온다. 자기의 약속을 실천하기 위해 북쪽 세상 끝으로 간 페르세우스는 지략을 발휘하여 괴물 메두사의 머리를 잘랐다. 여기에 여러 올림퍼스 신들의 도움이 있었음은 물론이다. 그때 메두사의 피로부터 샘이 솟듯 페가수스가 태어났다.*

이후 천마 페가수스를 타고 먼 길을 돌아 섬으로 돌아온 페르세우스는 메두사를 이용하여, 치근대는 왕을 돌로 만들어버리고 어머니를 구출한다. 이윽고 어머니와 함께 고향 아르고스로 돌아왔을 때, 자기를

* 페가수스라는 이름은 물이 솟아오르는 샘, 특히 바다의 샘이란 뜻이다. 페가수스의 어머니는 메두사이며 아버지는 포세이돈이라고 알려져 있다.

쫓아냈던 할아버지는 이미 영웅이 된 손자 소식을 듣고는 왕좌를 팽개치고 어디론가 도망쳐버린 후였다. 어느 날 경기 중에 페르세우스가 던진 원반이 바람에 날아가 한 떠돌이 노인을 우연히 맞혀 사망하게 하는데 그가 바로 할아버지였다. 델피의 예언은 누구도 피할 수 없었다.

이번 이야기의 마지막 클라이맥스. 그럼 주인공 페르세우스의 아버지는 누구일까? 또 밀실에 갇혀 있는 다나에는 어떻게 아들을 낳은 것일까? 우선 갇혀 있는 청동 밀실로 누가 됐든 들어갈 방법은 무엇일까? 유일한 방법은 밀실의 미세한 틈새로 스며 들어가는 거다. 그 누군가 우선 물이 되어야 한다. 여기서 놀라운 장면이 연출된다. 빗줄기, 그것도 그냥 빗줄기가 아니라 황금의 빗줄기가 떨어져 밀실로 스며들고 이윽고 다나에의 몸으로 스며든다. 그렇게 임신이 이루어진다. 그럴 수 있는 능력자, 누구겠는가? 바로 제우스다.

이제 페르세우스의 역경의 나머지 부분, 그리고 영광스러운 귀환과 그 이후의 이야기를 할 차례다.

제우스의 아들 페르세우스는 어머니와 함께 고향 아르고스로 금의환향했다. 귀로에 동행한 사람은 어머니만이 아니었다. 고향으로 가는 영광스러운 도정에는 아내 안드로메다도 함께 있었다. 그녀는 페르세우스가 위대한 용사이자 군주로서 치적을 쌓아가는 데 가장 충직한 역할을 맡은 인물. 안드로메다라는 이름은 '남자들의 여왕(queen of men)'이라는 뜻. 그 말대로 그녀는 뭇 남자들의 로망이었다. 앞서 봤던 페가수스자리에 마치 꼬리처럼 이어진 큰 별자리. 가로로 길게 페가수스에 연결된 별자리가 바로 안드로메다의 것.

페르세우스가 지나온 역경의 궤적은 지중해와 아프리카, 중동까지를 포괄하는 길고 넓은 도정이다. 그가 메두사를 처리한 세상의 끝은 그저 북쪽이라고만 불렀다. 온 힘을 다해 북쪽 나라에서 메두사를 처리한 페르세우스는 오늘날 지브롤터 해협 부근 남쪽으로 내려와 잠시 쉴 곳을 찾는다. 그런데 그곳을 다스리던 티탄 아틀라스Atlas는 휴식처를 끝내 제공하지 않는다. 이유는 제우스의 아들이 자신의 황금사과를 훔칠 것이라는 예언을 들었기 때문이다. 그러자 페르세우스는 메두사의 머리를 이용하여 그를 돌이나 바위 정도가 아니라 아예 산맥으로 만들어버렸다. 오늘날 모로코의 아틀라스산맥이 바로 그것이다. 아틀라스는 또 'Atlantic Ocean(대서양)'이라는 이름으로도 남았다. 이후 천마 페가수스를 탄 페르세우스는 북아프리카를 길게 가로질러, 에티오피아를 거쳐 오늘날 이스라엘 텔아비브 항구 부근의 바위를 지나게 된다. 거기에서 바다괴물 케투스에 잡힌 채 묶여 있는 안드로메다를 구해 자기 어머니가 사는 섬으로 함께 돌아온다.

그럼 안드로메다는 왜 바다 한가운데 바위에 묶여 있었을까? 어머니의 벌을 대신 받은 것. 어머니는 누구? 안드로메다 바로 옆, W자 모양의 별자리로 서 있는 카시오페이아. 서 있는 것이 아니라 사실은 벌을 받아 거꾸로 매달린 자세다. 카시오페이아는 에티오피아의 왕 케페우스의 왕비. 이분은 자기 딸이 가장 예쁘다고 자랑하며 교만을 떨다, 그만 괴물 같은 딸만 가지고 있던 바다의 신 포세이돈Poseidon

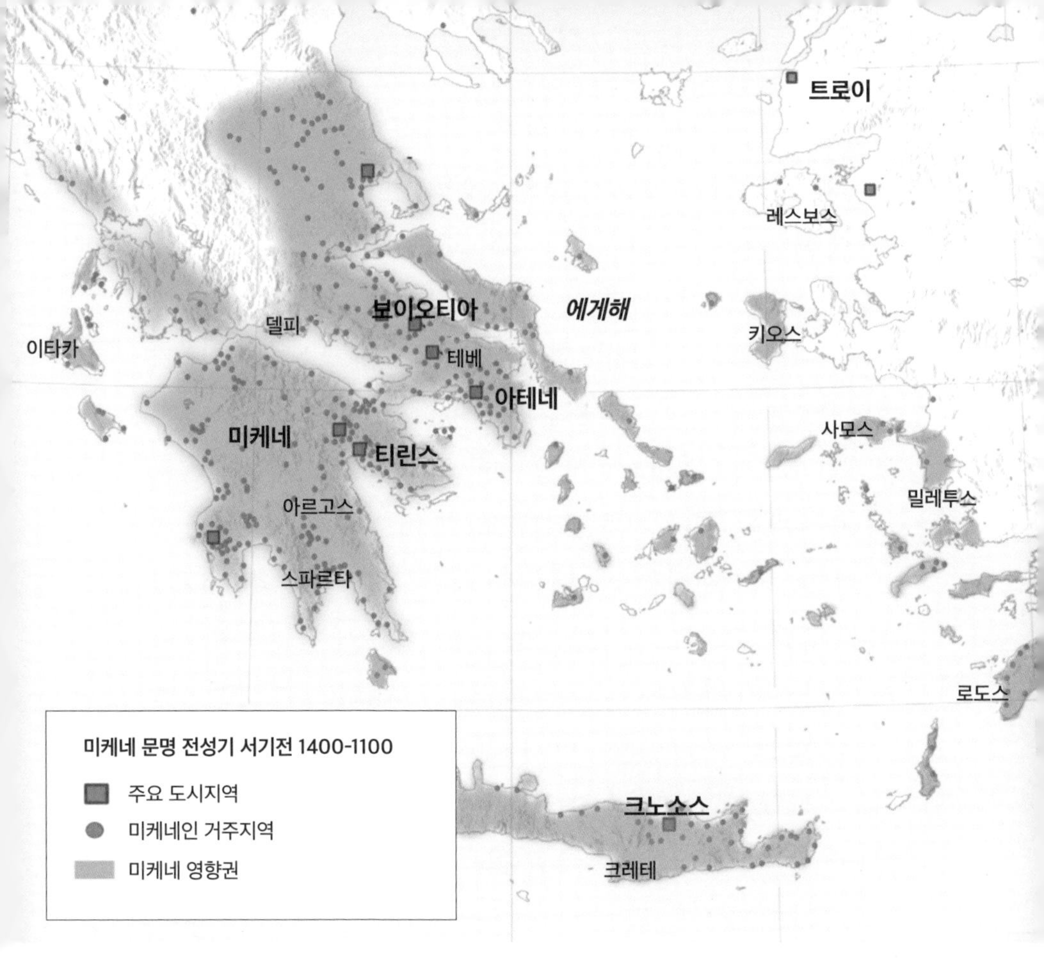

미케네 문명권 지도

의 분노를 사고 만 것.

사건의 전말을 들은 페르세우스는 섬으로 돌아가기 전 괴물을 물리치고 안드로메다를 구출했다. 안드로메다는 이렇게 페르세우스의 아내가 되어 페가수스를 타고 함께 어머니가 계신 곳으로 향한다. 그것이 백년해로하는 두 사람 인연의 시작이다. 그 때문인지 페가수스의 사각형을 이루는 네 개의 별 중, 하나의 별이 안드로메다자리의 머리에 해당하는 제일 밝은 별 알페라츠다.

섬나라의 왕을 처리하고, 어머니와 아내와 함께 고향 아르고스로 돌아간 페르세우스는 왕위의 후계자가 된다. 아르고스는 오늘날 그리스 펠로폰네소스 반도 북동쪽 지역이다. 그러나 페르세우스는 앞서 말한 원반던지기 사고 이후, 할아버지를 죽였다는 죄책감에 아르고스를 떠나 자신의 도시와 왕가를 세운다. 이것이 그리스 문명의 전신, 미케네 문명의 시작이다. 페르세우스는 그리스 사람들의 영웅이었다. 아테나 여신은 그를 기려 안드로메다와 함께 하늘의 별로 올려주었다. 그의 별은 황금검을 든 전사 같은 모습이다. 페르세우스는 이렇게 불멸의 위상을 갖게 되었다.

페르세우스의 마지막 남은 이야기는 미케네 문명 이야기다. 그의 말년과 업적에 관한 것으로 그 무대는 지중해 전체다. 앞의 지도는 미케네 문명 전성기 시절, 그 영향력이 미치는 지역을 표시한 것으로,* 그리스 거의 전역과 크레테, 그리고 에게해의 섬들과 나아가 몇몇 소아시아 지역에까지 넓게 퍼져 있다.

호메로스는 페르세우스가 세운 미케네를 '황금대로의 도시'라 불렀다. 그만큼 부유한 문명의 도시였다. 본디 페르세우스란 이름은 '파괴자'라는 뜻이다. 그 이름대로 메두사, 아틀라스, 바다괴물, 섬나

---

* User: Alexikoua, User: Panthera tigris tigris, TL User: Reedside/CC BY-SA (https://creativecommons.org/licenses/by-sa/3.0)

미케네 유적

라의 왕, 그리고 탐욕스러운 할아버지까지 모두 페르세우스에 의해 격파되었다. 그러나 파괴자 페르세우스는 동시에 건설자였다. 페르세우스는 미케네 문명의 기초를 쌓음으로써 그보다 1,500여 년 앞서 이미 지중해 크레테 섬의 크노소스를 터전으로 삼은 미노아 문명과 함께, 에게문명이라 부르는 찬란한 그리스 문명의 싹을 틔운 선구자가 되었다.

미케네 문명은 오늘날 펠로폰네소스 반도 북동쪽 티린스와 미케네에 남아 있는 유적지로써 옛 모습의 한 조각을 전한다.* 미케네는 호메로스가 기록한 『일리아드』에서 가장 중요한 주인공 중 하나인 미케네의 왕 아가멤논의 땅이기도 하다. 아가멤논은 트로이 전쟁에 출병한 그리스 동맹군의 총지휘관이었다. 그리스 신화의 거의 모든

* Berthold Werner/CC BY-SA (https://creativecommons.org/licenses/by-sa/3.0)

것을 담고 있는 트로이 전쟁 이야기의 출발지점이 미케네인 셈이다. 어디 그뿐인가. 저 유명한 아킬레스, 오디세우스 역시 미케네 문명권에 속해 있던 지역 출신이다.

생각해보면 지브롤터에서 에티오피아, 그리고 중동을 아우르는 페르세우스의 긴 '오디세이'는 곧 그리스 문명이 뻗어나간 지리적 경계를 상징하는 것이기도 하다. 전성기의 고대 그리스는 오늘날 스페인에서부터 지중해 연안 전체, 그리고 에게해는 물론 나아가 중동과 흑해에까지 이르는 길고 넓은 각 지역에 도시—예를 들면, 스페인의 말라가, 프랑스의 마르세유, 이탈리아의 나폴리, 터키의 안티오크, 그리고 흑해 연안의 많은 도시들—를 건설하고 교역을 담당함으로써 가장 중요한 사회경제적 위상을 차지하고 있었다.

인류의 역사를 찬란하게 만든 주역 중 하나인 그리스 문명은 이렇게 싹이 텄다. 그것은 물론 미케네 한 곳에서 시작되지 않았다. 트로이도 지중해 연안의 또 다른 문명적 중심이었다. 또 미케네보다 천 년 넘게 앞서 이미 지중해 크레테 섬을 중심으로 미노아 문명이 번성하고 있었다. 미노아 문명의 시조인 미노스 왕 역시 제우스의 아들이라고 신화는 전한다. 미노아는 이후 미케네에 병합되어, 제우스의 두 아들이 토대를 쌓은 두 문명의 강물이 합쳐진다. 트로이도 전쟁에 패하면서 미케네 문명으로 흡수된다. 오늘날 그리스 문명이라고 부르는 토대는 이렇게 건설된 것이다.

하늘의 별은 현실의 땅과 이렇게 이어지고, 상상의 신화는 실제의 역사로 또 이렇게 묶인다. 페르세우스는 그리스의 하늘과 땅, 신화와 역사가 이어지는 그 한복판에 서 있고 그 자취는 하늘의 별로 우리에게 보이는 셈이다.

영웅의 대명사 헤라클레스

영웅은 누구인가? 사전은 대략 이렇게 정의한다. 용기, 놀라운 업적, 고귀한 성품과 자질 등으로 존경과 흠모의 대상이 되는 인물. 지혜와 재능이 뛰어나고 용맹하여 보통 사람이 하기 어려운 일을 해내는 사람. 구체적으로 누구? 인류 역사상 가장 널리 알려진 영웅을 뽑는다면 헤라클레스가 상위에 들어가지 않을까. 헤라클레스는 동서를 막론하고 영웅의 대명사이다. 더구나 그도 제우스의 아들 아닌가.

제우스를 정점으로 한 올림퍼스 신들의 시대가 오는 데에는 두 차례에 걸친 커다란 신들 간의 전쟁이 있었다. 티타노마키와 기간토마키.* 그 중 기간토마키라 불리는 두 번째 전쟁에서 헤라클레스는 큰 전과를 거두게 된다. 기간토마키는 첫 번째 티타노마키에서 진 티탄들을 제우스가 지하감옥에 가두어버리자 이에 분노한 할머니 가이아가 나서 또 다른 거신족들을 만들어 제우스에 도전한 것을 말한다.

---

* '마키'는 전쟁이라는 뜻. '티타'는 이름 그대로 티탄, '기간토'는 자이언트라는 뜻으로 각각 1세대, 2세대 거신족을 의미한다.

여기에서 올림퍼스 신들의 승리에 가장 큰 역할을 한 인물이 바로 헤라클레스다. 헤라클레스는 신조차도 꺾을 수 없었던 참으로 거대한 영웅이었던 것이다. 그런 영웅이 하늘에 자리가 없을 수 없다. 여름철 별자리를 담은 위 그림* 중앙에서 왼쪽 약간 위편에 자리

* www.stellarium-web.org 유럽우주국 별자리 프리소프트웨어.

잡고 있는 별들이 바로 헤라클레스자리다. 왼쪽으론 여름 삼각형의 베가, 오른쪽 위로는 목자자리의 아크투루스, 아래쪽엔 땅꾼자리 등이 보인다. 그런데 실제 헤라클레스 자리를 하늘에서 찾는 것이 그다지 쉬운 일은 아니다. 우선 그 자리의 별들 중에 가장 밝은 것이 3등성이고 나머지는 4등성인지라 대체로 어둡기 때문이다. 불세출의 영웅 자리임에도 일등성 하나 없는 것이 마음에 걸린다. 하늘에서 찾아보기 쉽지 않은 또 하나의 이유는 무엇보다 별자리의 규모가 워낙 크다는 것이다. 넓게 퍼져 있다는 뜻이다. 전체 88개의 별자리 가운데 헤라클레스자리는 다섯 번째로 큰 별자리이다. 주변의 별인 베가의 옆자리를 유심히 바라보는 것이 이 별자리를 찾는 요령이다.

아테네 여신은 안드로메다와 함께 페르세우스를 하늘의 별로 올려주었다. 그리스를 위대하게 만든 공적을 높이 산 것이다. 반면 헤라클레스는 아버지 제우스가 직접 손을 썼다. 헤라클레스의 인생역정에서 중요한 것은 별이 되었다는 자체가 아니라 별이 되는 과정이다. 이 지점에서 헤라클레스의 경우는 참혹하다고 할 수 있다. 그는 스스로 생을 마감했고 그럴 수밖에 없는 처지로 내몰렸다. 그는 자기를 불태워버릴 장작더미를 쌓고, 그 위에 올라 부하들에게 불을 붙이라고 명령했다. 그런 아들의 마지막을 차마 지켜볼 수 없었던 아버지 제우스가 그를 하늘로 들어 올린 것이다.

그럼 헤라클레스는 왜 스스로를 불태우려 했을까? 직접적인 시작은 그의 두 번째 아내 데이아네이라Deianeira의 의심과 질투심이다. 헤라클레스는 티린스의 왕인 에우리스테우스Eurysteus—그가 치러야 했던 수많은 고역의 원인 제공자이기도 한—의 아들을 죽이고 약속대로 그의 딸 이올레Iole를 집으로 데리고 왔다. 이것이 아내의 질투와 의심을 유발했고 그것이 헤라클레스의 고통스러운 최후가 시작되는 지점이다. 이올레를 본 아내 데이아네이라는 질투심에 헤라클레스가 가져오라는 예복 옷자락에 그 몰래 묘약을 발랐다. 그녀가 오래전, 반인반마인 센토 네소스Nessus가 헤라클레스의 화살에 죽어가면서 자신의 피가 사랑을 돌아오게 하는 묘약이라 하여 받아놓았던 그 피였다. 네소스는 헤라클레스의 아내를 강을 건네주면서 겁탈하려다가 그것을 목격한 헤라클레스의 화살을 맞고 죽어가면서 그 피를 남긴 것인데 사실은 묘약이 아니라 독약이었으니, 그것으로 헤라클레스에 대한 복수를 시도했던 셈이다.

예복을 받아 입은 헤라클레스는 독약의 고통에 휩싸였다. 옷은 그가 움직일수록 더욱더 옥죄었으며, 그 고통이 얼마나 심했던지 옷을 가져온 심부름꾼을 잡아 바다로 내던질 정도였다. 자신의 최후를 절감한 헤라클레스는 소나무를 뽑아 화형대를 만들었다. 그리고 화형대에 오른 뒤 부하들에게 불을 붙이라 명령했다. 아내 데이아네이라는 이 상황을 전해 듣고는 스스로 목숨을 끊었다.

고대 로마의 시인 오비디우스Publius Naso Ovidius는 『변신』에서 헤라클레스의 마지막 말을 이렇게 전하고 있다. '사투르누스Saturnus의 딸이여,* 내 파멸을 보고 즐기시오! 고역을 위해 태어났고, 이토록 심한 고통을 당하고 있는, 나의 이 가증스러운 목숨을 가져가시오. 죽음은 나에게는 차라리 선물이오.' 무수한 고역을 치르는 데 전혀 지치지 않았던 그도 참혹한 운명의 고통 앞에서는 어쩔 수 없었다. '내 결국 이러자고 그 고역을 수행했단 말인가.' 그는 자기에게 가해지는 고통을 받아들일 수도, 이해할 수도 없었다. 그가 할 수 있었던 것은 자신의 운명에 대한 애절한 탄식뿐이었다.

아이러니한 것은 그의 이름 '헤라클레스'가 '헤라의 영광'을 뜻한다는 점이다. 그가 수행한 고난의 임무들은 형식적으로는 왕의 명령이었지만, 실제는 헤라의 명령으로 결국 여신 헤라의 힘을 보여주는 것이었을 뿐, 헤라클레스 자신이 스스로 기획해 남긴 것은 아니었다. 한편 '영광'의 뜻에 대한 다른 해석도 있다. 여기에서 영광은 헤라의 영광이 아니라 그녀가 부여한 온갖 고행을 끝내 극복한 헤라클레스의 위대함을 의미한다는 것이다. 그럴듯한 해석이지만, 애석하기 짝이 없는 그의 삶을 위로해주지는 못한다.

불길이 헤라클레스의 몸에 닿자 그는 빛과 함께 사라졌다. 오비디우스는 그 광경을 이렇게 전하고 있다. '헤라클레스의 모습 가운데

---

* 오비디우스는 헤라클레스의 이야기를 로마식으로 변형시키면서 그리스 신화의 헤라를 로마 신화의 주노Juno, 즉 사투르누스의 딸로 설정했다. 그리스 신화로 하면 사투르누스는 크로노스로 헤라의 아버지이다.

알아볼 수 있는 것은 아무것도 남지 않았으니, 그의 어머니가 준 것은 아무것도 남지 않고 오직 아버지의 모습만 간직하고 있었다. 전능하신 그의 아버지가 그를 자신의 사두마차에 태워 구름 사이로 올라 반짝이는 별들 사이에 머물게 했다.' 헤라클레스는 이렇게 제우스의 아들로 올림퍼스산에 올랐으며, 그곳에서 헤라의 딸 헤베Hebe와 결혼하여 신으로 지내게 되었다. 그리고 별이 되었다.

탄생, 성장, 고행

신화에 따르면 제우스는 신들 간의 전쟁을 대비하기 위해 영웅의 출생을 기획한다. 조만간 다가올 전쟁에서 이기기 위해선 인간의 도움이 필수적이라는 신탁을 오래전에 들었기 때문이다. 여기서 말하는 인간이 바로 헤라클레스이다. 제우스는 그래서 여신이 아닌 알크메네Alcmene라는 지상의 여자를 택했다. 고결한 성품에 미모와 지혜를 갖춘 인물이라는 평을 받고 있었다. 전투에 출병했다 돌아온 남편으로 변장한 제우스는 알크메네와 관계를 맺고 헤라클레스를 얻는다. 신화에 널려 있는 제우스의 통상적인 불륜이 아니라 오래전에 시작된 전략적 선택이었다. 그렇더라도 헤라는 결코 인정하지 않았다. 그녀에게 그것은 미래전략이 아니라 제우스가 저지른 불륜 이상도 이하도 아니었다.

알크메네가 아이를 낳을 때가 되자, 헤라의 작전으로 헤라클레스보다 먼저 에우리스테우스가 태어나게 된다. 이들의 태어난 시점이 중요한 이유는 그 시간에 태어난 아들이 그리스를 다스릴 운명을 타고나기 때문이었다. 헤라의 출산 방해 작전이 성공하면서 결국 에우리스테우스가 티린스의 왕이 되어 그리스를 지배하게 되고 헤라클레스는 그의 신하, 사실상의 노예가 되어버린다.

우여곡절 끝에 태어났지만, 제우스의 불륜을 용서치 않은 헤라는 독사를 풀어 이제 한 살 정도 된 어린 헤라클레스를 죽이려 한다. 그러나 갓난아기 헤라클레스는 독사를 손에 쥐고는 가볍게 목을 졸라버렸다. 본래 헤라클레스의 이름은 알키데스Alcides였다. 어머니 알크메네가 지어주었다. 그런데 이 사태를 겪자 어머니는 헤라의 분노를 누그러뜨리는 데 도움이 되지 않을까 해서 이름을 '헤라의 영광'이라는 뜻의 헤라클레스로 바꾸어주었다. 물론 개명의 효과는 전혀 없었다. 앞서 언급한 대로 헤라클레스라는 이름에 대한 다른 해석들도 있지만 어느 것이 되었든 그의 운명은 바뀌지 않았다.

그는 제우스의 아들답게 이미 초인적 힘을 가지고 태어난 인물이었다. 그 아이가 제우스의 아들임을 이미 알고 있었지만 알크메네의 남편 암피트리온Amphitryon은 양부로서 좋은 선생을 불러 여러 과목을 가르쳤다. 또 무술부터 각종 전투 기술은 물론 운동도 가르쳤다. 문제는 헤라클레스가 대체로 예의 바른 편이었지만 성격이 화급하고 쉽게 분노하는 탓에 후회하기 일쑤였다는 점이다. 보면대 같은 것으로 음악선생의 머리를 내려쳐 상처를 내기도 하였다. 암피트리온은 결국 그를 목자들에게 보냈다. 세상을 공부하고 경험하라는 뜻이었다. 그런데 열여덟 살에 이미 힘으로서는 그를 이길 사람이 없었다. 올림픽 게임도 아버지 제우스를 기리기 위해 헤라클레스가 열기 시작했다는 설이 있을 정도다.

헤라클레스의 용기와 힘이 널리 알려지자 여기저기서 많은 요청이 들어왔다. 사자를 퇴치해달라는 부탁부터 아이를 낳아달라는 청까지 있었다. 그런데 여행길에 우연히 이웃 나라의 외교사절과 예의 문제로 시비가 붙어 그 사신을 초죽음으로 만들어 돌려보내게 된다. 그 바람에 자기 나라 테베와 이웃 나라 사이에 전쟁이 일어나게 되고, 헤라클레스는 혼신의 힘을 다해 싸워 결국 테베가 이겼다. 이 인연으로 테베의 왕은 자신의 딸을 헤라클레스와 맺어주었고 이들은 세 명의 아이를 낳는 행복한 결혼생활을 하게 된다.

특출난 탄생과 유아기를 제외하면, 여기까지의 이야기는 용기와 담력과 무술을 갖춘 한 남자의 평범한 일생이라고까지 말할 수 있다. 물론 그가 제우스와 올림퍼스의 신들 편으로 참전하여 거인족 대장을 살해함으로써 신들 간에 벌어진 이차전쟁을 승리로 이끈 혁혁한 공적을 기억해야 하지만, 아직 그에게 본격적 운명의 무대는 열리지 않았다. 그 무대는 고되고 험한, 그리고 길고 긴 역경이었다.

그 역경의 열쇠는 헤라에게 있었고, 여신은 조금의 빈틈도 없이 헤라클레스를 죄어왔다. 그녀는 헤라클레스를 에우리스테우스의 노예로 만들었다. 남편 제우스의 불륜을 용서할 수 없었던 헤라는 행복한 결혼생활을 하는 헤라클레스를 미치게 만들어 아이들과 아내를 야수나 적으로 착각하여 잔혹하게 죽이도록 했다. 정신이 돌아온 그는 죄책감과 수치심에 자살까지도 생각했다. 속죄의 방편으로 그는 델피의 신탁을 받기로 했다. 신탁은 그에게 본래부터 주어진 운명을 따르라고 반복하였다. 곧 티린스의 왕 에우리스테우스의 노예가 되라는 것이었다.

12년 동안에 마쳐야 할 열두 개의 과업이 주어졌다. 네메아의 사자를 죽이는 것부터 시작해서 명부를 지키는 수문장 케르베로스Kerberos를 생포해오는 과제까지. 네메아—펠로폰네소스 반도 북동쪽, 티린스 위쪽에 위치한 지역—의 사자 죽이기라는 첫 번째 과업을 살펴보자면, 그리스를 포함한 고대 남동부 유럽지역에는 인도에 주로 서식하는 아시아 사자들이 적잖이 퍼져 있었다고 한다. 사람을 해치는 야수를 처리하는 일에 헤라클레스가 차출된 것. 처음에는 화살을 쏘았으나 그 사자가 하필 금으로 된 털로 덮인 동물인지라 화살이 쓸모없자, 헤라클레스는 가지고 있던 몽둥이와 맨손으로 맞서 결국 목을 졸라 처리했다. 가죽을 벗겨 미케네로 시체를 끌고 돌아온 헤라클레스는 이때부터 사자 가죽을 착용하고 몽둥이를 든 모습으로 그려지기 시작했다.*

에우리스테우스는 돌아온 헤라클레스를 보고 두려움에 떨었다고 하며 그다음부터 헤라클레스는 성문 밖에서 업적의 결과를 보여주

---

* 훗날 로마제국 최악의 황제라 비난받는 코모두스Commodus는 이 모습을 흉내 내어 자신이 헤라클레스의 환생이라 말하면서 사자머리 모양의 관과 사자 가죽옷을 입고 곤봉을 휘두르는 기행을 벌이기도 했다.

어야만 했다. 그는 이후 12년에 걸쳐 열두 개의 무시무시한 과업을 모두 마쳤다. 그러나 이것이 그의 고행의 끝은 아니었다.

별이 된 사자

헤라클레스 고행의 두 번째 막으로 넘어가기 전에 네메아의 사자 이야기를 더 들여다봐야 한다. 그 사자가 하늘의 별이 되었기 때문이다. 사자자리는 레굴루스라 불리는 일등성도 하나 가지고 있고 이 자리를 구성하는 다른 별도 헤라클레스자리보다 더 밝아 훨씬 잘 보인다.

다음 그림은 앞서 별의 지리학에서 이야기했던 봄의 삼각형이다.* 레굴루스로 표기된 삼각형의 오른쪽 꼭짓점부터 연결된 선들을 이어가면 사자의 모습을 볼 수 있다. 일등성인 알파별 레굴루스는 가슴 아랫부분. 이 레굴루스와 왼쪽 중앙 목자자리의 아크투루스, 왼쪽 아래 처녀자리의 스피카를 연결하면 이등변삼각형이 보이고, 사자의 꼬리에 해당하는 데네볼라Denebola를 연결하면 정삼각형이 보인다. 입춘이 지나면서 사자자리는 삼각형을 이루는 다른 두 별자리보다 앞서 올라오기 때문에 봄의 전령사라고도 불린다.

그럼 누가 사자를 별로 만들었을까? 물론 제우스다. 그가 아들 헤

---

* Elop using Stellarium/CC BY-SA (https://creativecommons.org/licenses/by-sa/3.0)

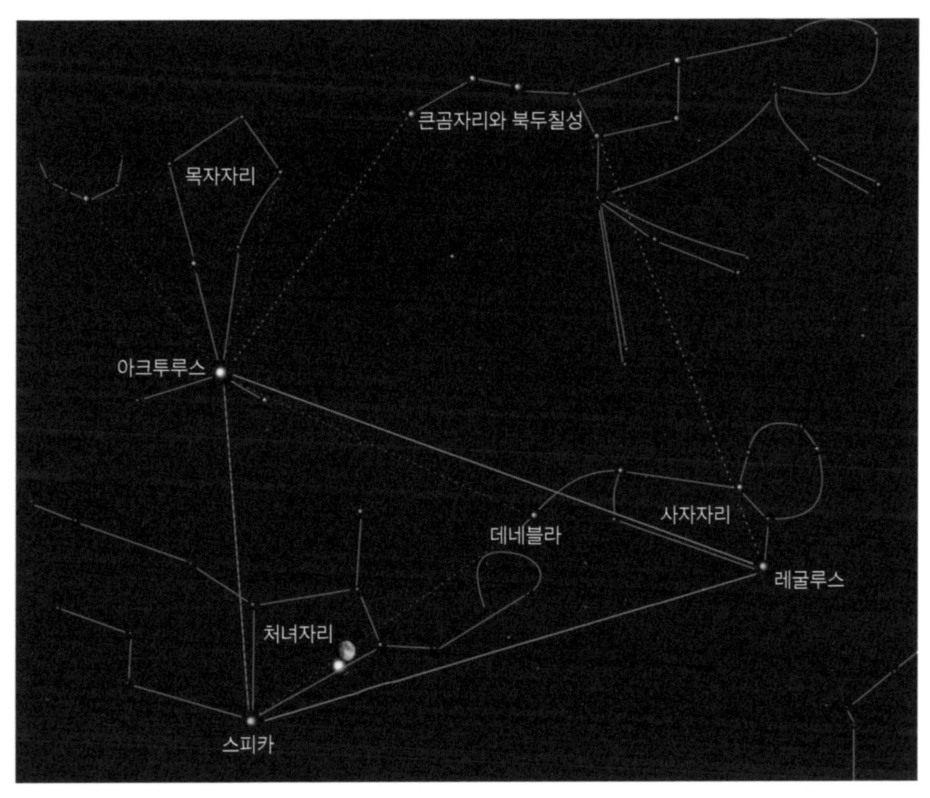

봄의 삼각형

라클레스의 업적을 기리기 위해 만든 별이다. 그러나 헤라가 별로 만들었다 해도 틀린 말은 아니다. 헤라클레스가 겪은 길고 신산스러운 역경의 출발점에는 헤라의 단단한 복수심이 놓여 있고 첫 번째 노역이 바로 사자를 제거하는 노역이었기 때문이다. 또 일등성까지 품고 있는 사자자리가 헤라클레스자리보다 훨씬 밝게 보이는 것 역시 헤라의 역할이었다고 할 수 있을 것이다.

영웅의 운명

애초에 열두 개의 과업 수행 이후 헤라클레스는 신의 지위에 오르게 되어 있었다. 그것이 제우스와 헤라의 협약이었다. 웬만한 영웅 이야기는 과업의 종료와 함께 끝나는 법인데, 헤라클레스의 경우는 그러지 못했다. 사달이 벌어진 것이다.

먼저 에우리스테우스 왕은 자기 딸을 걸고 헤라클레스와 활쏘기 시합을 벌였는데, 졌음에도 약속을 지키지 않았다. 그 와중에 왕의 아들이 도망간 가축 찾는 일을 도와달라고 하자 헤라클레스는 모욕감에 화를 참지 못하고 아들을 죽여버렸다. 사태가 꼬인 것이다. 속죄를 하려했으나 델피 신전도 신탁 접수를 거절하자 헤라클레스는 분을 못 이겨 제단을 망가뜨리는 지경까지 이르렀다. 델피 신전을 주관하는 아폴로 신이 분기탱천했으니, 제우스가 개입하지 않았다면 그 둘 사이에 싸움이 벌어졌을 뻔했다. 결국 델피의 신탁은 왕의 아들을 죽인 죄로 3년의 노예 생활을 더 하고 노임은 죽은 아들에 대한 배상금으로 다시 에우리스테우스에게 지불하라고 명했다.

당시에 여성들이 주로 맡던 집안일까지 하면서 3년의 노예 생활을 보낸 헤라클레스는 그러면서도 리디아의 여왕과 관계를 맺어 아들도 낳고 왕국의 온갖 궂은일을 처리했다. 범죄자를 잡아들이고, 악마도 쫓아냈으며, 폭군도 척결하고, 땅을 망치던 괴물도 죽여 없앴다. 그러고 나서야 비로소 헤라클레스는 노예의 굴레를 벗을 수 있었다.

해방되고 나서 헤라클레스는 자신에게 응당 지켜야 할 보답의 약속을 지키지 않는 왕들과 왕국을 응징하기 시작했다. 그에게 가장 큰 고난을 안긴 에우리스테우스 왕을 제일 먼저 처참하게 처치해버렸다. 그리고 원래 에우리스테우스 왕과의 약속대로 그의 딸 이올레를 고향으로 데리고 왔다. 그 응징의 결과가 아내 데이아네이라로 하여금 사랑의 의심을 품게 하고, 어떻게 해도 피할 수 없는 처참한 최후를 가져오게 될 줄 누가 알았을까.

그를 가장 지독하게 괴롭힌 자를 처단하고 모든 고행이 끝남으로써 새로운 시간이 열리길 기대했으나 그의 인생역정은 그렇게 풀려가지 않았다. 끝끝내 고단한 운명을 벗어날 수 없었던 인물을 영웅이라 할 수 있겠는가.

앞서 언급했듯, 지나온 삶의 궤적을 볼 때 헤라클레스는 여러모로 페르세우스와 대비되는 인물이다. 둘 다 제우스의 아들이었으나 영예로운 페르세우스, 비참한 헤라클레스로 나눌 수 있을 만큼 그 둘의 길은 아주 달랐다.

페르세우스가 자신의 운명을 개척한 진격의 용사라면, 헤라클레스는 스스로 한탄했듯 주어진 명령을 충직하게 수행한 신하였다. 스스로 기획한 고난과 역경을 맞서 극복한 페르세우스는 한 국가를 세우고 문명을 다진 명예로운 영웅으로 우뚝 섰다. 반면 헤라클레스는 남이 떠넘긴 험난한 고행의 역경을 용감하게 넘어서긴 하지만, 마지막은 허망하기 그지없게도 사랑의 오해로부터 비롯된 비참한 죽음을 맞는다. 전혀 영웅스럽지 않다.

페르세우스가 수행한 과제는 영웅이 되는 데 필수적인, 자기 스스로 택한 도전의 의미를 지녔다. 그러나 헤라클레스가 수행한 과제는 비록 인간의 상상을 초월하는 압도적인 내용의 과제였지만, 노예의 임무로서 수행되었다. 게다가 그의 노역은 성마른 태도 때문에 스스로 자초한 바도 적지 않다.

짚어보면 페르세우스는 우아하고 부유한 귀족 가문의 세련된 기사 같은 인물이다. 그에게는 삶의 그림자가 없다. 무수한 신들이 그를 도왔다. 반면 헤라클레스는 작렬하듯 치열하고 거칠고 어두운 역경에 온몸으로 맞서는 투사형 인물이다. 그는 거대한 재능과 힘을 가졌으나, 그것을 오로지 다른 이들을 위해 쓸 수밖에 없었던 애달픈 인물이다. 마지막에 아버지 제우스의 개입이 없었다면 그는 한 줌 재로 흩어졌을 것이다. 세상 누구보다 힘이 센 한 남자가 고된 일만 하다 그만 불행하게 생을 마감하는 이야기로 마무리되었을 것이다.

이렇게 보면 헤라클레스의 삶은 전혀 영웅답지 않다. 그의 죽음도 전혀 영웅답지 않다. 그가 이룩한 성취는 가공할 만한 것이었으나, 이런저런 이유로 책임져야 할 자들이 뒤로 미뤄놓은 귀찮고 더럽고 공포스러운 과업들을 해치운 것이었다. 헤라클레스는 새로운 길을 여는 영웅이 아니라 길에 쌓인 장애물을 치우는 노예와 크게 다를 바 없었다.

사실 페르세우스를 제외하고 그리스 영웅들은 거의 모두 비참한 최후를 맞았다. 영웅 테세우스Theseus는 아테네 민주정의 기초를 닦은 위대한 업적에도 불구하고, 말년에는 추방당했고 추방지에서 암살당했다. 한편 황금 양털의 아르고 원정대를 이끈 대장 이아손Iason은 원정할 때 탔던 배에서 떨어진 들보에 치여 죽었다. 그들은 갑작스러운 사고로 삶을 마감했다. 마지막으로 생을 정리할 시간도 없었고 무슨 말을 남길 여유도 없었다.

그런 허무함과 비교해본다면 헤라클레스가 최후를 맞으며 겪는 고통은 오히려 장엄하다고 해야 할까. 그의 삶의 거의 전체가 자신이 저지른 죄업을 닦는 정화, 또는 속죄의 시간이었다고 한다면, 그것은 더 특별한 영웅 중의 영웅이라고 해야 하지 않을까.

감히 신조차도 이길 수 없었던 인물. 그러나 마지막 죽음의 불꽃 속에서 그는 자신의 운명에 대해 이렇게 탄식했다. '나는 고역을 이행하는 데는 지치지 않았으나, 지금 그 어떤 무기로도 대항할 수 없는 불이 내 몸을 먹어치우고 있소.' 한편 오비디우스는 그의 마지막 가는 길에 이런 조문을 바쳤다. '뱀이 낡은 껍질을 벗고 새 비늘이 반짝이는 새 껍질로 거듭나듯이, 테베의 영웅도 필멸의 유체를 벗고 불사의 몸으로 거듭났다. 인간의 오체를 벗고 새로운 생명을 얻은 그는 이전보다 더욱 위엄 있는 모습으로 거듭난 것이었다.'

영웅 신화의 의미

'누가 영웅인가'는 영웅 이야기의 핵심 질문이 아니다. 영웅이 모범적 인간인가 아닌가를 따져본다거나, 영웅 신화 속의 영웅이 실제로는 약탈자에 지나지 않는다고 지적하는 것은 사실 영웅 신화의 본질적 측면을 오해한 것이라고 할 수 있다.

영웅 신화의 핵심은 세상을 호령하는 듯한 영웅이라는 존재가 실은 매우 비극적인 존재임을 보여주는 것에 있다. 자신의 내부에 스스로를 파괴하는 힘을 품고 있는 잔인한 운명의 존재, 그것이 영웅의 이면이고 이런 의미에서 영웅이야말로 비극적 존재의 전형이다. 그것이 우리에게 전해지는 영웅 신화의 가르침이다.

페르세우스 같은 예외도 있지만, 헤라클레스, 테세우스, 그리고 이아손 모두 그들 자신의 엄청난 힘이 스스로를 파괴하고 마는 잔인하고 슬픈 운명의 존재들이었다. 그런 의미에서 영웅이야말로 상식을 배반하는 비극적 존재이다. 영웅 신화는 거대한 도전과 압도적 승리의 기록처럼 보이지만, 많은 경우 주인공들의 삶은 보통 사람들의 신산스러운 궤적과 크게 다르지 않았고, 그들의 마지막도 마찬가지였다.

기억해야 할 것은 영웅은 이야기를 전하는 도구일 뿐이라는 점이다. 영웅이라는 설정은 흥미롭고, 메시지가 분명하며, 기억하고 전하기 쉬운 이야기의 틀이다. 모든 인간은, 설령 영웅이라 할지라도, 선과 악을 모두 품고 있는 이중적이며 모순적인, 따라서 비극을 잉태할 수밖에 없는 존재라는 점이 이야기의 핵심이다.

그런 점에서 영웅 이야기는 보통 인간들의 이야기와 다르지 않다. 어떻게 행동할 것인가, 무엇을 선택할 것인가, 그 선택에 어떻게 책임질 것인가. 신화는 그런 질문을, 별에 새긴 영웅 이야기로 우리에게 던지고 있다.

별이 들려주는 세 가지 사랑 이야기

우리는 모두 금지된 것들을 소망하지 않던가?

하늘 높이 새겨진 사랑의 역사, 특히 금지된 정념의 역사야말로 인간사에

가장 많은 이야기를 남긴 관계가 아니었던가?

세상에서 제일 많은 이야기

언제 어디서나 가장 보편적인 이야기는 무엇일까? 의심의 여지 없이 사랑 이야기다. 신화도 마찬가지다. 무수히 많은 인물 간의, 무수히 많은 종류의, 무수히 많은 사랑 이야기가 담겨 있다. 신화에 나오는 사랑 이야기만 따로 떼어 책으로 엮거나 글로 쓴 것도 이루 헤아릴 수 없이 많다.

이 신화의 사랑 이야기 가운데 전형적인 사랑 이야기 세 가지만 살펴보기로 한다. 하나는 비극으로 마무리되는 오르페우스와 에우리디케의 순애보 이야기, 두 번째로는 가장 떠들썩한 사랑 이야기인 아프로디테*와 그의 남자들, 그리고 세 번째로는 가장 문제적 관계라 할 수 있을 제우스의 적나라한 불륜에 관한 이야기.

여름밤, 11시 넘어 북동쪽 하늘 높게 보이는 별들. 그 별들이 만드는 가장 현란한 모습은 별의 지리학에서 언급했던 아스테리즘, '여름의 삼각형'이다. 최첨단 항해 장비가 갖춰지기 전 여름의 삼각형은 '항해자의 삼각형'이라 불렀다. 삼각형의 각 꼭짓점을 이루는

* '비너스Venus'는 아프로디테의 로마식 이름을 영어식으로 읽은 것이나 가장 널리 알려진 이름이기에 이 장에선 '비너스'로 표기하겠다. 'Venus'는 성적 욕망을 의미하는 고대 인도어 '바나스Vanas'에서 유래한 단어라고 한다.

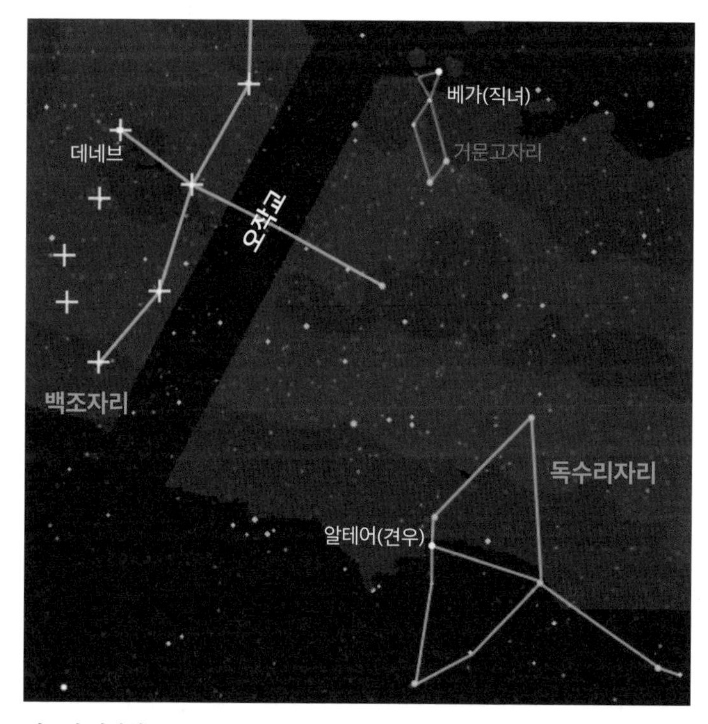

여름의 삼각형

별들이 일등성으로 그만큼이나 선명했기에 뱃길의 안내자 역할을 한 것이다.

그 세 별 중 가장 밝은 베가는 북반구에서 보이는 일등성 중 세 번째로 밝은 별이다. '베가'라는 단어는 사막의 하늘을 나는 독수리가 하강하는 모습이란 뜻의 아랍어인데, 베가를 중심으로 주변의 별들이 마치 날개 편 독수리처럼 보여 그리 지었다고 한다. 한편 중국, 일본, 한국 등에선 베가를 직녀성이라고 부른다. 바로 저 유명한 견우와 직녀 이야기의 주인공. 직녀라는 이름은 그림에서 보듯, 별자리 모양이 마치 베틀의 북과 비슷하게도 보이기 때문인 듯하다.

공식적인 별자리 이름은 라이라Lyra—우리말로는 거문고자리—이다. 라이라는 옛날의 현악기인 수금을 말한다. 전하는 이야기로, 오르페우스가 죽을 때 그의 악기 수금이 강으로 떠내려가자, 제우스가 독수리를 보내어 그것을 건져 올렸고 이후 수금과 독수리 모두 서로 가까운 곳의 별로 만들어주었다는 것이다. 악기를 건져 올린 독수리는 이름 그대로 별자리가 되었으며, 어원상 '날아다니는 것'을 뜻하는 '알테어'는 이 별자리의 가장 밝은 별로, 우리말로는 견우라 부른다. 베가와 함께 만드는 여름 삼각형의 남쪽 꼭짓점 별이다.

별 이름들이 말해주듯 여기엔 견우와 직녀의 사랑 이야기가 실려 있고, 그리스 신화의 오르페우스와 에우리디케의 사랑 이야기가 새겨져 있다. 은하수 동쪽의 견우와 서쪽의 직녀. 오르페우스와 에우리디케. 어느 쪽이든 슬픈 사랑의 이야기인 건 마찬가지다. 건너편 상대에게 가 닿을 수 없는 멀고 먼 은하의 거리. 서로 떨어져 맞닿을 수 없는 그들이, 직녀와 견우처럼 7월 칠석날, 1년을 기다린 끝에 오작

교에서 간신히 만나 애달픈 눈물을 흘리니, 그것이 여름의 비가 되는 건 당연하지 않겠는가. 오르페우스와 에우리디케 역시 같은 운명이다. 아니, 더욱 혹독한 운명이다.

오르페우스와 에우리디케

오르페우스의 아내 에우리디케는 어느 날 독사에 물려 허망하게 죽는다. 아내를 찾아 지옥까지 가기로 결심한 오르페우스. 아폴로의 아들로 최고의 음악가인 오르페우스는 지하세계를 지키는 괴물들은 물론 그곳의 왕인 하데스의 마음까지 흔드는 연주로, 결국 아내를 지하세계에서 살려 되돌아온다. 살아 있는 자로 명부를 무사히 다녀갈 수 있었던 것은 오직 그의 수려한 음악적 재능 때문. 명부의 지배자들 앞에서 오르페우스는 사랑의 노래를 읊었다. 오비디우스가 기록한 그 노래는 이런 내용이다.

'지하의 신들이여, 무릇 생명을 가진 자는 모두 이곳으로 오게 마련입니다. 저는 명부의 비밀을 캐러 온 것도, 명부의 문지기들과 힘을 다투러 온 것도 아닙니다. 오로지 에우리디케에 대한 사랑이 저를 이리로 안내했습니다. 지상의 신들뿐 아니라, 지하의 여러 신들께서도 사랑을 고귀하게 여기시겠지요. 꽃다운 청춘에 아무 죄 없이 독사에 물려 죽음을 당한 제 아내 에우리디케의 생명줄을 다시 이어주십시오. 저도, 제 아내도 수명이 다 된 후에는 당연히 이곳으로 돌아올 것입니다. 그러나 그때까지는, 원컨대 그녀를 제게 돌려주십시오. 만약 거절하신다면 저는 홀로 돌아가지 않겠습니다. 저도 여기 머물겠습니다. 그런 뒤 당신들은 두 사람의 죽음을 눈앞에 놓고 승리의 노래를 부르십시오.'*

오르페우스의 연주에 명부의 왕 하데스도 눈물을 흘렸고, 프로메테우스Prometheus의 간을 쪼아먹던 독수리도, 언덕 위로 끊임없이 바위를 올리던 시시포스Sisyphus도 잠시 일을 멈추었다고 한다. 돌아오는 길, 지상으로 오르는 마지막 문턱에서 결코 뒤를 돌아보지 말라는 하데스의 경고를 잊은 오르페우스. 그 벌로 아내 에우리디케는 다시 흑암의 세계로 떨어지고 만다. 지상에 돌아왔으나 슬픔에 잠긴 오르페우스는 그를 따르던 사람들은 물론 다른 누구도 돌아보지 않았다. 이에 배신감을 느낀 메나드Maenad들—디오니소스의 여사제들—에 의해 죽임을 당했다고도, 스스로 목숨을 끊었다고도 한다. 남은 것은 신과 인간 모두의 혼을 울리던 그의 악기뿐.

* 최복현, 『그리스로마 신화로 읽는 사랑열전』(양문, 2019)에서 인용하여 재구성.

오르페우스는 그 순간 왜 뒤를 돌아본 것일까? 말할 나위 없이 사랑의 확인 아니겠는가. 사랑하는 아내가 무사히 따라오는지를 확인하려는 것이었을 뿐, 그것이 어찌 신을 믿지 않은 것이라 할 수 있겠는가. 그러나 그의 행동은 결과적으로 신을 믿지 못한 것이 돼버렸고, 그 형벌을 받고 말았다. 사랑의 길목에 출몰하는 넘을 수 없는 벽, 사랑에 빠진 자들의 뜻과 관계없이 다가오는 어떤 운명적인 벽. 또는 그 사랑을 질투하는 자들이 만들어 세우는 어떤 장애물. 인간 세상의 도덕도, 윤리도 그런 벽 중 하나다. 오르페우스는 하데스와의 약속, 약속이라지만 사실은 나약한 인간에게 씌운 덫, 그것에 걸려 그만 넘어진 것 아니겠는가.

견우와 직녀, 오르페우스와 에우리디케, 그 사랑의 전설은 비극적 사랑의 원형 같은 것이다. 죽음으로써만 완성될 수 있는 사랑, 그런 사랑 이야기는 서양 문학에서 『트리스탄과 이졸데Tristan und Isolde』, 『로미오와 줄리엣Romeo and Juliet』으로 이어진다. 왜 그 같은 사랑의 형식이 끈질기게 이어져왔을까?

신앙이 거의 모든 것이던 시절에 죽음은 끝이 아니라 영원한 곳으로 나아가는 관문이었기에, 사랑 역시 죽음을 통해 영원한 것으로 완성된다는 뜻을 담았을 것이다. 또 결혼이 사회적 계약이었을 뿐 사랑의 정점을 의미하는 것이 아니었던 시절, 요즘 말하는 연애라는 만

남의 형식이 사실상 부재하던 그 시절, 아름다운 사랑 같은 것은 사실상 없었고, 이러한 낭만적 사랑의 부재가 오히려 각별한 애정의 형식을 동경하게 하여, 그 극단적 형태인 죽음에까지 이르는 애정을 선망하게 했다는 설명도 있다. 아마도 우리에게 중요한 것은 어느 시대건, 또 어디에서건, 비극적 사랑이 가슴을 건드린다는 점이다. 먼 옛날 사람들에게도 이 이야기는 지상의 아름다움이 지상의 비극과 맞닿아 있음에 대한 애달픈 자각, 작은 계기에도 무너져버리는 인연의 허망함 같은 의미로 받아들여지지 않았을까.

오늘날 우리가 미디어를 통해 무수한 이야기를 듣듯이, 옛날 사람들에게 하늘은 이야기를 전해주는 책이고, 텔레비전이고, 인터넷이었을 것이다. 그들은 그 하늘의 별을 보며 또 무수한 이야기를 지어냈다. 오늘날에도 그 별은 밝게 우리를 내려다본다.

비너스와 그의 남자들

밤하늘에 새겨진 많은 사랑의 역사 중에 '사랑'이라는 비교적 순정어린 단어로 말하기에는 모자란 듯 보이는 것이 있으니 그것은 아프로디테와 아레스Ares, 더 잘 알려진 이름으로 쓰자면 비너스와 마르스Mars의 관계 아닐까? 『화성에서 온 남자 금성에서 온 여자』라는 세계적 베스트셀러도 있었지만, 신화 속에 나오는 그들의 관계는 양상으로 보아 사랑이라는 용어보다는 정념이라는 말이 더욱 적합할 것이다. 요약하면 화성 마르스가 금성 비너스의 정부였다는 이야기. 금지된 사랑에 대한 그들의 탐욕, 이들의 욕망은 도무지 그 누구도, 심지어 제우스마저도 어쩔 수 없었다.

잘 알다시피 금성과 화성은 태양계에서 가장 잘 알려진 두 행성이다. 행성 금성은 지구와 흡사한 크기로 지구와 쌍둥이가 아닐까 하는 이야기가, 또 화성은 여러 관측이나 설화가 말해주듯, 어떤 생명체가 존재하는 곳은 아닐까 하는 이야기가 있다.

행성은 움직이는 별인 만큼 매년 그 위치가 달라진다. 금성은 연중 몇 달은 동쪽 새벽에—그때의 이름은 샛별—다른 몇 달은 또 초저녁 서쪽 하늘에서—그때의 이름은 개밥바라기—보인다. 금성이 태양과 지구 사이에 있는 내행성으로 태양을 공전하는 주기가 지구와 다른 탓이다. 2019년을 기준으로 한다면 8월경부터 대략 아홉 달 정도는 초저녁에, 2020년 늦여름부터 대략 아홉 달 정도는 새벽에 보이게 된다. 금성은 달 다음으로 밝은 천체이기 때문에 시간만 잘 맞춘다면 찾는 것은 전혀 어렵지 않다. 화성 역시 마찬가지다. 지구보다 두 배 정도 긴 태양 공전주기를 가지고 있는 화성도 새벽 별로 또는 저녁 별로, 아니면 저녁에 떠서 밤새워 볼 수 있는 식으로 달라진다. 2020년의 가을, 화성은 늦은 저녁 시간 동쪽에 매우 밝고 붉은 자태를 드러냈다. 그때 화성은 은하수에서 가장 밝은 별인 시리우스보다도, 또 여름의 행성인 목성보다도 붉고 명료하게 빛났다. 그 이후 겨울로 접어들면서 점차 보통의 밝은 천체로 되돌아갔다.

금성은 비너스, 화성은 마르스로 불린다. 금성에 비너스라는 사랑의 이름을 붙인 이유는 밝은 노란색으로 마치 다이아몬드처럼 영롱하고 화려하게 빛나기 때문이다. 그에 비해 화성은 다른 어떤 천체보다 붉은 모습이다. 그 붉은 색깔 때문에 전쟁의 신 마르스—'아레스'는 '파괴자'라는 뜻—라는 이름을 갖게 되었다.

이들은 신화 속에서 불륜의 관계로 그려져 있다. 뭔가 잘못 만난 인연으로 생각할 수밖에 없는 남편 헤파이스토스Hephaistos—로마식으로는 불카누스Vulcanus—와 부인 비너스. 남편을 배신하고, 그녀는 매력적이고 건장한 남자, 전쟁의 신 마르스를 만나 성적 만족을 취한다. 그런데 아무도 모를 줄 알았던 이들의 관계를 남편은 이미 알고 있었고—모든 것을 보는 태양의 신 헬리오스가 살짝 귀띔해주었다—이들이 밀회를 즐기는 곳에 밧줄 같은 것을 미리 쳐놓고 현장에서 이들을 체포한다. 놀랍게도 둘은 그의 침대에서 대담한 사랑의 유희를 펼쳤던 것. 헤파이스토스는 올림퍼스의 신들을 불러 모았다. 신들은 적나라하게 벌거벗은 이들의 모습을 그대로 들여다보았다.*

볼썽사나운 모습에 이윽고 포세이돈이 나서고 마르스가 벌금을 내기로 하고서야 헤파이스토스는 이들을 풀어주었다. 사랑의 배신을 해소할 수 있는 벌금은 무엇일까? 신화엔 이에 대한 답이 없다. 다만 헤파이스토스 자신이 비너스에게 주었던 모든 선물을 되돌려 달라고 요구했다고 한다. 결국 이들은 이혼한다. 이들 사이에는 에로스라는 이름의 아이가 있었다는데, 에로스도 사실은 마르스의 아이이고 후에 헤파이스토스에게 넘겨주었다는 이야기도 있다. 에로스의 딸 이름은 '헤도네Hedone'였는데 그리스 말로 환희라는 뜻이다. 사랑의 열매로서의 환희를 말하는 이 단어는 헤도니즘(쾌락주의)의 어원이기도 하다.

비너스의 남자는 마르스뿐이 아니다. 이번에는 마르스 같은 신이 아니라 인간이 대상이다. 안키세스Anchises라는 인간과의 사이에서 비너스는 트로이의 장수 헥토르의 부관인 아이네아스Aeneas를 낳았다. 그녀는 트로이 전쟁에서 트로이의 편을 든 신. 그도 그럴 것이 트로이의 왕자 파리스는 가장 아름다운 여신으로, 헤라도 아니고, 아테나도 아니고, 비너스를 지목했던 것. 트로이가 종국에 패배하자 아이네아스는 조국을 떠난다. 바다를 건너고 여러 곳을 거쳐 이탈리아로

* 고대 그리스 사회에서 불륜의 당사자들에게 가하는 형벌들 가운데 공개적 망신 주기가 가장 대표적인 벌이었다고 한다.

간 그는 훗날 로마를 건국하는 로물루스Romulus와 레무스Remus의 조상이 된다.

또 다른 비너스의 남자는 아도니스Adonis. 비너스가 자신을 섬기는 데 게으른 아버지와 미모로 교만을 떠는 딸에게 벌을 주는 방편으로, 딸로 하여금 술 취한 아버지를 유혹하여 상간토록 하고 아이를 낳게 한 것. 이를 알게 된 아버지는 딸을 죽이려 했으나 신들이 개입하여 그녀를 나무로 변하게 했고, 마침 그 나무 틈새로 한 아이가 태어났으니 이름하여 아도니스. '지배하다'라는 뜻을 가진 이름의 그를 받아 잠시 페르세포네에게 양육을 맡겼으나 늠름한 청년으로 자란 아도니스에 그만 반해버린 비너스. 그들의 은밀한 연애가 정부 마르스에 의해 발각되었고, 마르스는 멧돼지로 변해 홀로 사냥에 나선 아도니스를 공격하여 죽이고 말았다. 슬픔에 빠진 비너스는 그가 흘린 피를 꽃으로 변하게 했으니, 봄에 피는 핏빛의 붉은 꽃 아네모네가 그것이라 하고, 아도니스를 낳은 나무는 어머니의 이름을 딴 미르라Myrrha, 곧 몰약을 채취하는 나무가 되었다고 한다.*

비너스의 행각을 어떻게 해석할까? 방탕한 여자? 자유로운 여자?

* 몰약은 동방박사들이 유향과 함께 아기 예수에게 예물로 바친 이야기로 유명하다. 몰약과 유향은 방향제로 또는 피부약재로 가장 귀중한 생활 물품이었다. 공중위생이 사실상 부재했던 고대 사회 일상생활에서 가장 큰 문제 중 하나가 악취였기 때문. 몰약과 유향의 무역 규모가 얼마나 컸는지, '로마제국은 향의 연기 속으로 사라져갔다'는 말까지 나올 정도였다.

비너스와 마르스

전문가들은 이렇게 말한다. 여성에게 특히 엄격했던 가부장제 사회였던 고대 그리스 도시국가에서 여성이 찾아내는 자유에 대한 두려움의 이야기라는 것. 바람난 여자라거나 성적 욕망의 화신이라는 것은 일차원적인 해석이고, 오히려 비너스처럼 사랑을 향해 자신의 모든 것을 거는 여성에게서 느끼는 그리스 남성들의 두려움이 내포된 이야기라는 것이다. 다시 말하면 여성이 자신이 가진 능력을 주체적으로 자유롭게 펼칠 때 가문의 몰락, 사회의 붕괴로 이어진다는 훈계를 주는 남성 중심적 이야기라는 것이다.

앞의 그림은 르네상스 시대 화가 보티첼리Sandro Botticelli의 작품 〈비너스와 마르스〉이다. 평론가들의 해석은 분분하지만, 육체적 욕망으로 연결된 사랑의 관계는 허망한 것이라는 메시지를 담았다는 설명이 대부분이다. 방금 말한 비너스 이야기의 교훈을 그림에 그대로 옮겨놓은 듯하다. 관계 이후, 오히려 단호하고 무관심해 보이기까지 하는 비너스의 표정과 축 늘어져 무력해 보이는 마르스의 표정을 적나라하게 대조하면서 그 점을 강조하는 듯하다. 이렇게 보면 비너스와 마르스의 이야기는 고대사회에서 남성들이 어떻게 여성을 관리하고 훈육해야 할지에 대한 반면교사의 방편이었던 셈이다.

그런데 이렇게 사랑의 정념을 정리하는 것은 건조한 해석이다. 교훈적 비난은 무의미한 것이다. 오히려 금지된 관계로서의 불륜은 바로 그 때문에 사랑은 무엇이며 어디에서 오는 것인가에 대한 무수한 질문을 던지게 한다. 사실 우리는 모두 금지된 것들을 소망하지 않던가? 이런 얘기를 생각하며 하늘을 보면 하늘 높이 새겨진 사랑의 역사, 특히 금지된 정념의 역사야말로 인간사에 가장 많은 이야기를 남긴 관계가 아니었던가 묻게 된다. 심지어 그러한 기록이 하늘에도 남아 있다는 것을 떠올리면 과연 사랑이란, 정념이란 무엇인가, 답이 없는 그 문제를 새삼 생각하지 않을 수 없다.

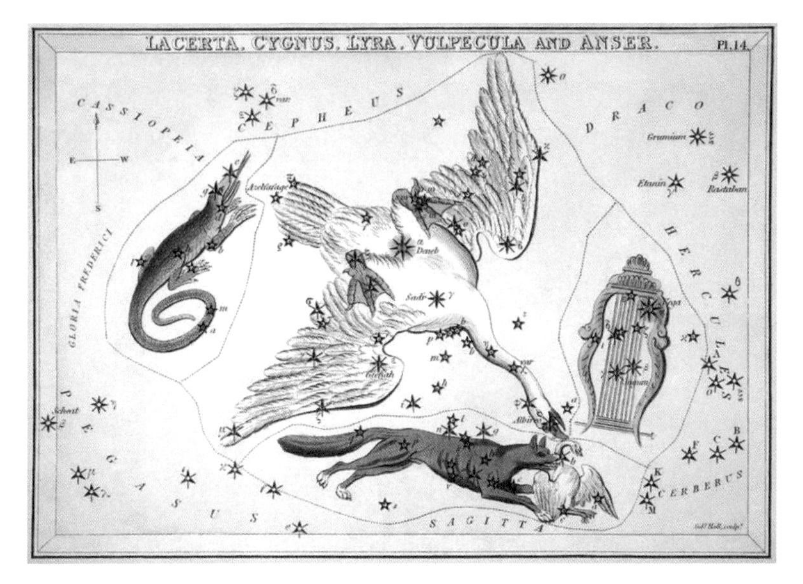

백조로 변신한 제우스

제우스의 관계방식

이런 용어가 적절할지 모르겠지만, 제우스는 플레이보이의 원조다. 한편으로 권선징악의 권한을 휘두르는 가장 막강한 권위의 신이나, 동시에 그 권력을 이용하여 플레이보이 행각에 나선 음험한 인물이기도 하다. 그의 행적은 자신의 지위를 이용하여 여자를 찾아다니는 난봉꾼 수준이다. 경망스럽고 불경스럽기도 하다. 신이라는 존재가 그런 모습을 보이고 또 그런 행태에 전혀 개의치 않다니, 남다른 신앙의 경지에 이른 사람들이 보기에 제우스는 '신을 모독하는 신'이라 할 만하다.

제우스의 이야기와 연관된 별자리는 여름의 삼각형 중 백조자리와 독수리자리다. 앞의 그림은 19세기 초 영국에서 만들어진 별자리 카드 중, 백조자리의 신화를 바탕으로 그린 것이다. 앞서 영웅 신화와 트로이 전쟁 대목에서 언급한 바 있는 레다와 관계한 제우스, 백조로 변신한 그가 밤하늘의 별로 남은 것이다. 백조와 함께, 아래엔 여우와 거위, 오른쪽엔 거문고, 왼쪽엔 도마뱀 등이 그려져 있다. 여름 삼각형과 주변의 별자리에 그만큼 많은 이야기가 얽혀 있다는 뜻이다.

제우스의 불륜 행각을 어떻게 봐야 할까. 난봉꾼으로, 요즘 용어로 하면 성범죄자로 정리해버리면 깔끔하다. 그러나 중요한 것은 사태가 벌어지는 역사적 맥락에 대한 이해이다.

학자들은 이렇게 말한다. 제우스의 불륜은 지중해 연안의 각 지역이 모계사회에서 부계사회로 넘어가는 사회적 특성과 권력의 변환 과정을 보여주는 이야기라고. 중근동 아시아 문화로부터 큰 영향을 받은 고대 그리스 사회는 본래 모계사회였다. 그러나 점차 남성 중심의 사회로 변하면서, 모든 권력을 장악하고 있는 아버지, 남성이라는 존재를 정점에 세워놓는다. 이에 따라 여성과 관련된 제도나 관습부터 여성이라는 존재 자체에 이르기까지, 여성은 2등의 신, 요정, 또는 인간 세상의 공주 정도의 위상에 머물게 된다. 제우스의 관계 대상 정도로 위상이 낮아진 것이다.

한편 제우스의 불륜 행각을 끊임없이 제어하고 감시하는 여신 헤라는, 성마르고 질투심에 불타 복수를 꾀하는 존재가 아니라, 일부일처의 결혼제도를 수호하는 동시에, 남성들의 방탕한 욕망이나 문란한 행태를 제어하는 여성의 주장과 요구, 나아가 사회질서 유지의 노력을 상징한다고 볼 수 있다.

사실 제우스의 행각을 오늘날 우리가 이해하는바 불륜이라는 용어로 바라보는 관점 자체가 오히려 문제일 수 있다. 왜냐하면 이야기를 담은 신화는 벌써 수천 년도 전의 이야기이고, 제우스의 행각은 당시 사회를 반영하는 것뿐이기 때문이다. 따라서 지금, 달라진 시대의 사회적 잣대로 그를 바라보고 평가하는 것이 온당한 것만은 아니다. 고대 그리스 도시국가 사회에서 노예나 창녀를 제외하고, 시민계급에 속하는 여성을 유혹하여 부정한 관계를 맺는 경우, 남성은 사형을 포함하여 여성보다 더 엄중한 형벌로 다스려졌다는 사실도 그 시대의 맥락에서 이해해야 할 것이다.

사랑의 길

지금까지 별자리에 새겨진 신화 속 사랑 이야기들 가운데 세 가지를 뽑아 살펴보았다. 사랑이라는 이름으로 사람들이 맺는 관계의 무수한 형식을 간명하게 몇 가지로 정리할 수는 없다. 또한 헤아릴 수 없이 많은 변주의 사랑에 올바른 길, 척도 같은 것도 없을 것이다. 사랑은 오래전이나 지금 순간이나 또 앞으로도, 어디에서나 우리 모두를 말로 표현하기 어려운 어떤 느낌으로 설레게 하는 것 아닐까.

에필로그

별이 빛나는 밤에

우리는 우주를 유영하는 먼 길을 돌아 이제 지상으로 내려왔다. 책에 담긴 별의 지리학, 물리학, 신화학 같은 큰 이야기, 별과 세계사, 별점 이야기와 사랑의 신화 같은 작다면 작은 이야기는 깊이 있고도 흥미로운 은하수 여행을 다녀오기 위해 우리가 갖추어야 할 필수품이다.

여행은 무엇일까? 왜 여행을 하는가? 왜 산에 오르며, 또 순례의 길로 나서는가? 그것은 새로운 세계의 발견으로 이어지는 경험의 과정이다. 그것을 통해 우리는 이전의 나와 다른 나를 만나기를 희망한다. 그런 뜻에서 여행은 겉으로 보기엔 타향으로의 떠남이지만, 궁극적으로는 자기 자신으로의 귀환이다. 지상의 여행이 타자의 세계 속에서 자기 스스로를 마주하는 궤적이듯, 밤하늘과 별로 떠나는 우주

여행 역시 마찬가지이다. 우주적 관점을 품은 다른 내가 되어 지상으로 귀환하는 것이다. 밤하늘과 별, 그 아득한 이야기에 담고자 했던 나의 뜻을 세 가지로 정리하면서 책을 마무리 지으려 한다.

별이 전해주는 것

우리는 궁금해한다. 저 별들은 도대체 무엇이며 어디에서 온 것인가? 저들은 왜 저렇게 움직이는 것이며 왜 계절에 따라 자리를 바꾸는 것일까? 저 별들에는 누가 살고 있을까? 꼬리에 꼬리를 무는 호기심은 단순한 물음일 뿐 아니라 거창하며 근원적인 질문이다. 별을 보고 던지는 질문과 그에 대한 답은 인간이 살아온 과정이며 인류의 과학과 기술을 키워온 원천이기도 하다.

하늘의 별이 우리에게 전해주는 이야기 중 어떤 것은 경전이고, 어떤 것은 신화이며, 또 어떤 것은 우리의 가슴을 울리는 시이자 노래이다. 우리 모두는 이야기를 듣고 싶어 한다. 세상의 악과 맞서 싸우는 영웅의 이야기, 역경을 이겨낸 인간 승리의 이야기, 아련하고 애틋한 사랑의 이야기. 이런 이야기들은 동서고금을 막론하고 사람들을 키워왔다. 하늘의 별에는 사랑과 슬픔과 상처와 실패와 승리, 그리고 도전과 극복의 기록이 아로새겨져 있다. 별에 얽힌 오래전의 이야기는 이처럼 거대한 이야기이고 그것은 후대로 이어지는 예술적 상상력의 원천이 되었다.

별의 위상은 시대와 사회에 따라 달라졌다. 고대에는 개인의 삶과 사회 집단에게 지침을 전달해주는 메신저였다면, 근대에 들어서는 과학의 세계로 자리를 옮겼다. 저 유명한 갈릴레오는 망원경으로 별을 바라보면서 이전에 없던 새로운 물리학, 천문학의 길을 닦았다. 이전과 다르게 하늘을 분석하고 계측하고 설명하려는 노력으로부터 근대라 불리는 새로운 시대의 문이 열렸다. 물론 새로운 근대의 세계가 결코 긍정적인 것만은 아니었으나 그것이 세계사의 새로운 수레바퀴를 밀고 나간 것임은 분명하다.

별이 품은 세계는 크고 깊고 넓다. 별을 이해하려 노력하는 자, 새로운 과학의 세계를 열었고, 그 세계를 읽을 수 있는 자, 새로운 역사를 만들어내었다. 이것이 책이 강조하고자 하는 첫 번째의 주제이자 뜻이다.

별이 일깨워주는 것

그럼에도 불구하고, '별을 보는 것이 무슨 득이 되겠는가? 어디에 소용되는 것일까? 현실적으로 무슨 용도가 있을까?' 하는 물음은 일상생활의 차원에서 여전히 강력하다. 또 애석하지만, 우리는 더 이상 밤하늘의 별을 신기하게 바라보았던 맑고 순수한, 호기심 가득했던 아이가 아니다. 이미 세상의 더러움을 충분히 경험한, 알퐁스 도데 Alphonse Daude의 말을 빌리자면, '나쁜 생각'으로 적당하게 때 묻은 사람들이다. 달을 은하수의 하얀 쪽배라 생각지 않고, 계수나무니, 토끼니, 옥녀는 치기 어린 상상의 산물로 밀어놓는다. 우리에게 달은 사막이다. 생텍쥐페리Saint Exupery의 『어린 왕자』는 십 대들의 읽을거리다. 별을 노래하는 동요는 더 이상 우리의 마음을 움직이지 않는다. 옛이야기는 우리의 몸으로 와 닿지 않으며 마음으로부터도 멀어졌다. 자연과 인간이 몸과 마음으로 상통한다 믿었던 직관적 연관성, 그 신비로운 감성의 세계, 엘리아데Mircea Eliade 같은 종교학자가 말하는 '성스러운 세계'는 우리로부터 몹시 멀어졌다.

그러나 얼핏 아무런 실용적 가치가 없어 보이는 것에 대한, 도무지 답이 없을 듯한 것에 관한 끝없는 물음이 가져다주는 가장 큰 가치는 사회와 개인의 깊이이다. '재난'을 뜻하는 영어 단어 'disaster'는 어원상으로 '별(astro)'이 '없는(dis)' 상태를 의미한다. 별이 사라진다는 것은 단지 바다에서 또는 지상에서 길을 잃는 정도의 재난이 아니라, 개인과 집단이 방향 또는 목표를 상실하는 위기를 의미한다. 방향 또는 목표에 대한 물음, 그 물음의 깊이는 사회의 깊이를 말해준다. 아마도 이 '깊이'의 뜻을 가장 '깊게' 설명한 사람은 신학자 폴 틸리히Paul Tillich일 것이다. 그는 자신의 설교집에서 '깊이에 대해 아는 사람은 신에 대해 아는 사람', 즉 깊이의 최종 단계는 신에 이르는 차원의 것이라고 말한 바 있다.

설령 거기까지는 가지 않더라도, 반드시 측량할 수 있을 만큼 드러나는 것은 아니지만, 사회와 개인에 배어 있는 사유의 깊이는, 우리가 미처 생각지 못한 크고 작은 문제에 문득 경이로운 관점이나 해결책을 제시해준다. 한정된 사고에 머무를 수밖에 없는 목표지향적 연구와 달리, 근본적인 것에 관한 물음은 참신하고 또 자유로운 지성의 태도에서 출발하기 때문이다. 그것이 사회의 수준이고 생각의 수준이며 개인과 집단의 품질이라 해도 틀리지 않는다. 개인과 집단의 성찰 능력이 중요한 이유는 그것이 살 만한 사회나 국가로 나아가는 가장 요긴한, 이성적이며 동시에 정서적인 토대 중 하나이기 때문이다.

밤하늘, 별, 나아가 우주에 대한 끝 간 데 없는 물음은 그런 근원적 차원의 질문이다. 이것이 책이 강조하고자 하는 두 번째의 주제이자 뜻이다.

창백한 푸른 점과 떠오르는 지구

이즈음에서 우리가 발 딛고 사는 땅, 지구를 생각지 않을 수 없다. 여기 가장 극적인 지구 모습을 담은 두 장의 사진이 있다.

첫 번째 사진의 이름은 '창백한 푸른 점'이다. 지금으로부터 30년 전인 1990년 2월 14일, 지구로부터 40억 킬로미터 떨어진 곳을 향해하던 나사의 우주선 보이저 1호는 카메라를 돌려 지구를 찍었다. 다음의 사진이다.

보이저 1호는 태양계 밖을 탐험하기 위해 1977년 나사가 발사한 최초의 외계 탐사 위성이다. 발사한 지 43년이 지났지만 지금도 보이저 1호는 자료를 보내고 있다. 에너지원은 탑재된 소형 핵발전기.

40억 킬로미터 거리라면 태양계의 끄트머리 마지막 두 행성인 천

〈창백한 푸른 점〉(1990년 보이저 1호가 40억 킬로미터 떨어진 지점에서 찍은 지구)

왕성과 해왕성 사이 중간쯤이다. 보이저호가 태양계를 벗어나 외계로 진입하기 직전 단계에서 찍은 것이다. 원 안에 표시된 작디작고 푸르른 점 하나. 그것이 지구다. 보이저 탐사 프로젝트의 책임자였던 천문학자 칼 세이건Carl Sagan은 그것을 '창백한 푸른 점'이라고 이름하였다. '저 점 위에 우리가 살고 있다니…….' 경이롭게 광대무변한, 그리고 새삼스럽게 그 안의 지구와 우리들의 위치를 새기게 하는 우주의 모습이다.

두 번째 사진의 이름은 '떠오르는 지구(Earthrise)'이다. 가까운

〈떠오르는 지구〉(1968년 아폴로 8호가 달의 궤도에서 찍은 지구)

우주 공간에서 지구는 다음 사진처럼 보인다. 1968년 아폴로 8호가 달의 궤도를 공전하면서 찍은 지구의 모습이다. 떠오르는 태양, 떠오르는 달과 마찬가지로 지구 밖에 설 때, 우리는 비로소 떠오르는 지구를 볼 수 있다. 특히 이 사진은 전 세계의 수많은 사람에게 지구가 얼마나 소중한 존재인가를 깨우쳐준 것으로 널리 알려져 있다. 국제적 범위의 지구 생태환경 운동은 이 사진으로 더욱 크게 도약할 수 있었다고 한다.

사진이 가진 힘의 내용은 무엇이었을까? 끝 모르게 검은 우주 공간에서 푸르게 생동하는 듯한 저 지구의 모습은 아름답다. 그러나 한편 애잔하고 외로워 보인다. 그렇기에 더 귀한 느낌을 준다. 처연하게 아름다우며 동시에 애처롭게 소중한 장소로서의 지구. 그러한 정서적 메시지가 이 사진이 가진 힘의 본질이었을 것이다. '저곳이 우리의 고향이며 바로 우리다. 저곳은 우리가 지금까지 알고, 사랑하며, 만났던 모든 사람이, 과거로부터 현재까지 살아왔던 바로 그곳이다.' 사진에 대한 칼 세이건의 말이다.

우주로의 여행은 궁극적인 차원에서 자기로의 귀환을 뜻한다고 했다. 그 귀환의 땅 지구는 지금까지 돌아본 거대한 우주에 비추어 본다면 참으로 미미하지만, 동시에 뭇 생명을 품고 사는 경이로운 존재이다. 그런 차원에서 느끼는 여기 이곳, 지구에 대한 경외심. 그것이 책이 강조하고자 하는 세 번째의 주제이자 뜻이다.

은하수 여행자들에게

여행은 연애 또는 사랑처럼 우리를 설레게 하는 어떤 것 중 하나다. 모든 여행이 깨우침의 계기는 아닐 것이다. 따라서 그렇게 되도록 노력하는 과정, 그것이 중요해진다. 노력은 자신의 몫이다. 그런 의미에서 여행은 대단히 고독한, 스스로 선택한 외로움의 길이다. 설령 동반자가 있다 해도 그러한 여행의 본질이 달라지지는 않는다. 밤하늘과 별로 떠나는 여정은 지상의 그것보다 좀 더 풍성한 것이 될 가능성이 크다. 왜냐하면 그 길은 더 넓고 큰 세계의 무수한 이야기들과 함께하는 도정이기 때문이다.

별은 우리에게 많은 이야기를 전해주는 우주의 메신저이다. 그리고 밤하늘은 그 메신저를 품고 있는 거대한 배경이자 무대이다. 이 책의 기록들은 모두 밤하늘과 별이 우리에게 전하는 메시지 중 일부이다. 지상의 삶과 인간은 거대한 우주와 운명 공동체로 엮여 있으며, 우주로 떠나는 여행은 곧 우리 자신을 찾아 나서는 길이다.

> 누군들 힘겹고 고단하지 않았겠는가.
> 누군들 별빛 같은 그리움이 없었겠는가.
> [⋯]
> 동지들이 떠나버린 이 빈 산은 너무 넓구나.
> 밤하늘의 별들은 여전히 저렇게 반짝이고
> 나무들도 여전히 저렇게 제자리에 있는데
> 동지들이 떠나버린 이 산은 너무 적막하구나.
>
> 먼 저편에서 별빛이 나를 부른다.

체 게바라Che Guevara, 「먼 저편」 중에서

"지상의 삶은 짧다.
그러나 하늘을 운행하는 저 수많은 별을 볼 때마다
나는 인간을 유한한 존재라고만 생각지는 않는다.
별을 바라보는 그때 우리는 지상을 벗어나
다른 세계로 들어가게 된다."

프톨레마이오스